江西理工大学优秀学术著作出版基金资助出版

多形织构界面摩擦特性及润滑数值计算

赵运才　韩　雷　刘宗阳　高彩云　著

北　京
冶　金　工　业　出　版　社
2014

内 容 提 要

摩擦学涵盖了润滑、摩擦以及磨损三方面知识，主要以两相对运动物体表面为研究对象。节能、节材、提高产品质量、延长机械设备的使用寿命以及增加机械设备的可靠性是摩擦学研究的终极目标。表面织构作为一种改善摩擦学性能的方法受到广泛关注。

本书系统阐述流体润滑状态下表面织构的润滑减摩机理，并依此设计出最优的表面织构模型。本书内容包括绪论、流体力学及 FLUENT 相关理论、织构化表面动压润滑计算模型、计算模型及数值方法的有效性、不同雷诺数下非对称织构承载性能的 CFD 研究、部分表面凹槽织构对摩擦学性能的影响、基于求解 Reynolds 的最优织构设计模型分析、总结与展望。

本书可供从事表面织构界面摩擦特性及表面织构的润滑减摩机理研究工作的人员、大专院校摩擦学及表面工程专业的师生以及有意于机械工程领域发展的企业相关人员参考。

图书在版编目(CIP)数据

多形织构界面摩擦特性及润滑数值计算/赵运才等著. —北京：冶金工业出版社，2014. 12

ISBN 978-7-5024-6821-7

Ⅰ. ①多… Ⅱ. ①赵… Ⅲ. ①机械—摩擦—研究 Ⅳ. ①TH117

中国版本图书馆 CIP 数据核字（2014）第 280153 号

出 版 人　谭学余
地　　址　北京市东城区嵩祝院北巷 39 号　邮编　100009　电话　（010）64027926
网　　址　www. cnmip. com. cn　电子信箱　yjcbs@ cnmip. com. cn
责任编辑　刘小峰　美术编辑　吕欣童　版式设计　孙跃红
责任校对　郑　娟　责任印制　李玉山
ISBN 978-7-5024-6821-7
冶金工业出版社出版发行；各地新华书店经销；北京百善印刷厂印刷
2014 年 12 月第 1 版，2014 年 12 月第 1 次印刷
169mm × 239mm；9 印张；175 千字；135 页
45. 00 元

冶金工业出版社　投稿电话　(010)64027932　投稿信箱　tougao@cnmip. com. cn
冶金工业出版社营销中心　电话　(010)64044283　传真　(010)64027893
冶金书店　地址　北京市东四西大街 46 号(100010)　电话　(010)65289081(兼传真)
冶金工业出版社天猫旗舰店　yjgy. tmall. com
（本书如有印装质量问题,本社营销中心负责退换）

前　言

摩擦学（Tribology）涵盖了润滑、摩擦以及磨损三方面知识，其主要以两相对运动物体表面为研究对象。节能、节材、提高产品质量、延长机械设备的使用寿命以及增加机械设备的可靠性是摩擦学研究的终极目标。近年来，表面织构作为一种改善摩擦学性能的方法受到广大学者追捧，其定义为在摩擦副表面加工出具有一定规则和排列方案的介、微观结构。

为了进一步深入了解流体润滑状态下表面织构的润滑减摩机理以设计出最优的表面织构模型，本书对织构化表面的摩擦学性能做如下研究：第一，建立了非对称性凹槽织构的计算流体动力学（CFD）模型，利用商业软件 FLUENT 对其进行求解，模拟分析了凹槽织构非对称参数 H 以及雷诺数 Re 对油膜承载的影响。模拟结果表明：当凹槽织构的几何形状呈现非对称性时，油膜承载与凹槽织构的非对称性参数 H 在低雷诺数下表现出很强的依赖关系，随织构非对称性参数 H 的减小而增大，如雷诺数 $Re=20$，H 从 4 减小到 0.2，油膜承载增加了 73.44%。然而此种作用伴随雷诺数的增加逐渐减弱，如雷诺数 $Re=160$，H 从 4 减小到 0.2，油膜承载仅增加了 4.68%。另外，雷诺数对油膜承载有较大影响，随雷诺数 Re 的增大，油膜承载几乎单调递增。第二，针对摩擦副表面，近年来有实验证明在其上加工部分表面织构比充满织构的摩擦副表面能更进一步改善摩擦学性能。因此，利用计算流体动力学（CFD）模型模拟研究了部分表面凹槽织构的动压润滑性能，详细分析了表征部分凹槽织构在摩擦副表面排列布局的位置参数 L 对油膜承载的影响。研究结果表明：低雷诺数下位置参数 L 对油膜承载影响明显，如确定凹槽织构宽度 $D=0.2$，在雷诺数 $Re=3$ 时，L 从 0.4 减少到 0.05，油膜承载提升了 58.99%，相同条件下，摩擦系数也得到明显改善，减少了59.1%。第三，建立了动压润滑下基于Reynolds方程的三维表面织构润滑计算模型，利用Visual Fortran语言编程对其进行了数值求解，分析了凹槽类及凹坑类织构的动压承载性能，并提出一种全新类型的表面织构——矩形织构。研究发现：不同类型织构间存在一个共同的最优深度范围，其无量纲大小为0.5~0.7，正方形凹坑织构和圆柱形凹坑织构存在最优的面密度，分别为0.36和0.5024，且正方形凹坑织构比凹槽类织构、圆柱形凹坑织构表现出更好的摩擦学性能。另外，通过与传统类型表面织构对比分析，研究还发现：最优组合参数下的矩形织构比传统类型织构能产生更大的油膜承载，其最优组合参数为$w=0.6$，$c=0.8$，$h=0.5\sim0.7$。本书最后依据最优组合参数下的矩形织构，提出了一种摩擦副表面理想的矩形织构加工布局方案，此方案对摩擦副表面实际织构处理具有一定的参考价值。

本书可供从事表面织构界面摩擦特性及表面织构的润滑减摩机理研究工作的人员、大专院校摩擦学及表面工程专业的师生以及有意于机械工程领域发展的企业相关人员参考。同时作者要特别感谢国家自然科学基金资助项目（编号：50965008）、江西省教育厅自然科学研究项目（编号：GJJ11555）和作者任职单位江西理工大学优秀学术著作出版基金对本书研究和出版经费的支持。

由于作者水平所限，书中不足之处，敬请读者批评指正，对此作者将不胜感谢。

作 者

2014年10月

目　录

1 绪　　论

1.1　织构化表面研究的背景及意义

21 世纪将是人类社会和谐发展的世纪，建立和谐社会同样即是建立和谐的人类生态环境。据世界自然基金会（WWF）2010 年《地球生命力报告》指出，人类对自然资源的需求已经超越了地球生态承载力的 50%。而在我国，自 2009 年来能源消耗首次超越美国位居世界第一大能源消耗国，能否兑现“节能降耗”的承诺成为我国政府面临的一大重要挑战[1,2]。图 1.1 为 1990 ~ 2009 年中国、美国及世界能源消耗对比及近十年我国能源消耗走势。

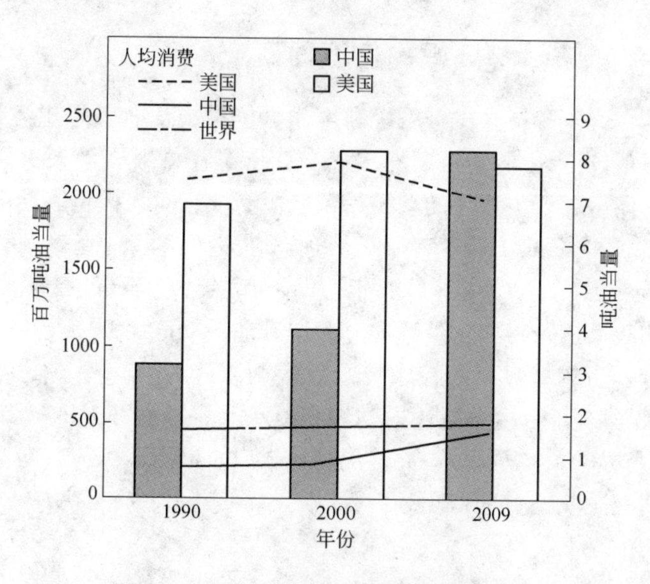

图 1.1　中国、美国及世界能源消耗对比

据统计，全球约有 1/2 ~ 1/3 的能源消耗源自摩擦，而磨损导致的机械部件失效大约占 70% 以上[3]。因此，控制摩擦、减少磨损及改善润滑性能以节约能源及提高机械系统的稳定性、可靠性和使用寿命，将成为广大摩擦学者面临的一个具有战略意义的课题。

传统控制摩擦的方法是：润滑油的选择、摩擦副材料的配对以及表面涂层技术的应用[4~6]。随着对材料表面性能要求日益增加，近些年呈现出了一种新型的有效控制摩擦方法——表面织构，其定义为在摩擦副表面加工出具有一定规则和排列方案的介、微观结构。已有相关研究表明，通过对摩擦副材料表面进行织构化处理可以明显改善两接触表面的摩擦学性能[7~15]。随着微机电制造技术的发展，表面织构作为一种改善机械系统摩擦学性能的方法已逐渐成为摩擦学领域的研究热点[16~23]。

由于表面织构对摩擦学性能的影响受到具体润滑工况的作用，如相同几何参数的表面织构在边界润滑和流体润滑状态下表现出完全不一样的摩擦学特性[21]，因此对织构化表面进行润滑减摩机理研究时必须针对不同润滑工况逐一施展；同时为使表面织构能在工程应用中得到足够的理论支撑，以及全面系统地研究表面织构的摩擦学性能，必须提出控制摩擦和优化设计方法。本书拟针对流体润滑状态下织构的几何参数、织构的几何形状以及织构在摩擦副表面的排列布局进行深入的研究，以期待在具体工况和润滑条件下得到最优的表面织构模型。这对完善织构摩擦学理论，减少机械系统的磨损消耗以及延长机械零部件的使用寿命具有重要的理论指导和实际意义，同时还可以节约能源，减少浪费，符合当今我国国情，促进我国经济的可持续发展。

1.2　织构化表面研究的现状

表面织构作为一种提升机械系统摩擦学性能的方法，其思想源于20世纪60年代Hamilton等[12]提出的动压润滑理论，其指出在材料表面人为制造一些可控的无规则微凸体可以产生额外的动压承载。源于此，对织构化表面的摩擦学性能研究日益增多，如1986年有学者用类似理念在发动机气缸套表面进行研磨并首次运用于商业领域[13]。而在其后一年，即1987年，Rightmire等[14]利用实验验证了对摩擦副表面进行织构化处理能显著提升油膜动压举升力及降低摩擦系数。

由此一种全新的材料表面控摩技术（表面织构）和一个新的摩擦学研究领域（织构摩擦学）开始逐步被业内学者接受。下面将分别从表面织构的加工技术、工程应用、润滑计算模型、关键研究参数以及润滑减摩机理等方面对目前织构摩擦学的研究现状逐一进行阐述。

1.2.1　加工技术

早期表面织构的加工一般采用Vibrorolling（振动压延）技术[15]，此技术由俄罗斯彼得斯堡机械工程研究院的Schneider教授在1984年提出，它主要由坚硬的压头在物体表面滚压使其产生塑性变形而形成较浅的凹槽。此项技术当时在东欧国家得到长足的发展和利用，但在西方世界却并未得到重视，其主要原因是同时期的美国麻省理工学院Saka等[24]提出了另一种表面织构加工技术——Undulatedsurfaces（波形表面），利用刻蚀技术（后来一般使用砂轮机械替代）在材料表面制造一个全波形起伏的凹槽表面。以上两种表面织构的加工方法，其加工精度很难满足现今人们对表面微观尺寸的苛刻要求。随着微机电系统和计算机技术的发展，不同类型的表面织构加工技术得到了充分的发展和完善，近些年发展起来的表面织构加工技术如下。

（1）反应离子刻蚀（RIE）。由日本东北大学 Kato 教授[17-19]领导的研究团队于 2002 年首次提出，并应用于织构摩擦学领域，此加工技术的优点在于能精确地控制所加工物体表面微凹坑的几何尺寸和分布情况。

（2）LIGA 技术。由美国肯塔基大学微制造实验室的 Ravinder 等[20]于 2004 年提出，同时他们还提出了另一种织构加工技术 UV，但与前者比较，其制造精度较低，一般仅能达到微米级，而 LIGA 加工精度可达到纳米级，当然 LIGA 制造工艺的费用要比 UV 昂贵得多。

（3）激光表面织构。20 世纪 90 年代，该技术就已应用于磁存储器（如电脑硬盘等）以防止启动阶段的黏附效应[21]。之后由以色列 Etsion 等[7,22,23]把激光表面织构引入摩擦学领域且以实验验证了经激光表面织构处理所得的织构化表面能明显改善其摩擦学性能。

目前业内较为侧重对上述几种表面织构加工技术的应用，其他加工技术包括日本的 Abrasive jet machining 技术[25]，瑞典 Uppsala 大学 Pettersson 教授[26]提出的光刻蚀织构技术，巴西圣保罗大学 Bottene 等[27]提出的研磨织构技术，以及国内杭州电子工业学院张云电教授等[28]提出的超声加工方法等，图 1.2 所示为几

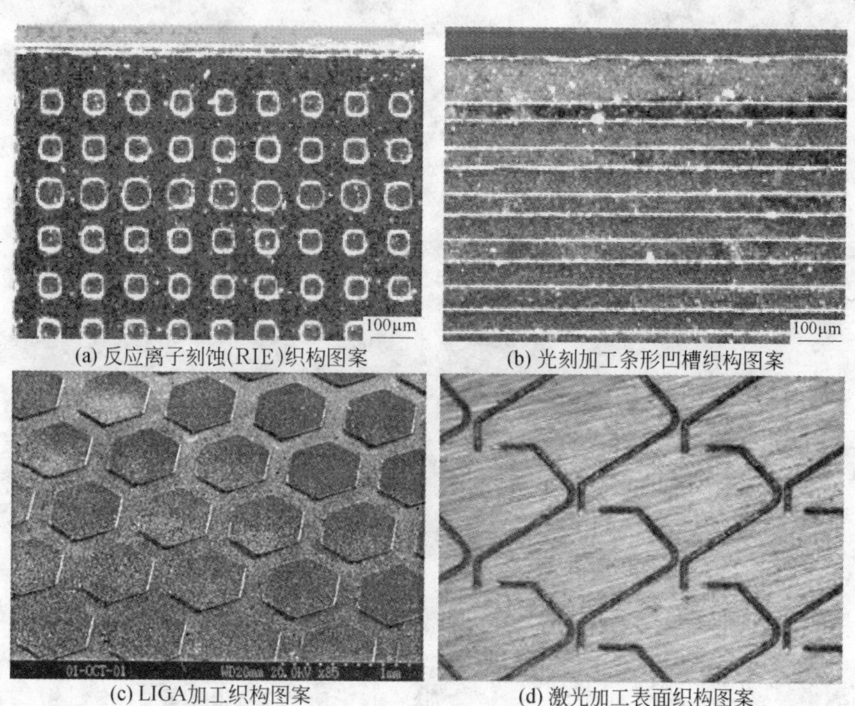

(a) 反应离子刻蚀(RIE)织构图案　(b) 光刻加工条形凹槽织构图案

(c) LIGA加工织构图案　(d) 激光加工表面织构图案

图 1.2　表面织构示意图

种常见的表面织构加工技术加工出的表面织构形貌。

如前所述，微机电系统制造技术（MEMS）的发展，使上述各种表面织构加工技术也得到相应的提升，其加工方法的优劣体现在：介、微观表面织构几何参数精度的控制、加工成本以及是否环境友好型等。对比诸多织构化表面的加工方法，激光表面织构对材料表面进行加工时，其加工过程简单、不需掩膜且耗时短，同时设备成本较低且加工对象范围广，可加工出具有一定精度要求的尺寸和形貌，被认为是到目前为止最为先进的一种表面织构加工方法[21]。

1.2.2　工程应用

表面织构作为一种改善摩擦学性能的方法，在得到国内外各学者验证的同时也逐渐应用于工业当中[22]。如图 1.3 所示为表面织构在部分工业领域的应用，下面将分别从磁储存系统、机械密封、发动机及轴承等方面介绍织构化表面在工程领域应用的研究现状。

图 1.3　表面织构在部分行业的应用

磁存储系统方面，国内清华大学陈大融教授等[29]研究了表面织构对磁盘－磁头间隙润滑的影响，研究表明，当织构高度在润滑膜厚的1%以上时，表面织构对润滑流场及流场中的压力分布产生明显的影响。Aravind 等[30]也对织构化磁头－磁盘接触表面的摩擦学性能进行了深入的探讨，指出磁头－磁盘接触表面进行织构化处理能明显改善磁头飞行高度、气体强度以及阻尼角度。其他如 Knigge 等[31]、Khurshudov 等[32]、Hu 和 Bogy 等[33]、Zhou 等[34]、Su 等[35]、Gui 等[36]以及 Fu 等[37]对表面织构在磁存储系统中的应用也做了相应的研究。

机械密封方面，20 世纪 90 年代以色列科学家 Etsion 已对表面织构的密封性能可进行了详细的理论研究和实验分析，研究表明织构化表面的机械密封性能可比无织构表面产生更大的动态和静态承载力，且能降低密封端面温升和摩擦力矩[7,23,38,39]。同时，国内华东理工大学在研究织构化表面密封性能时也得出了类似的结论[40]。近两年 Hadinata 等[41]开始对织构化唇密封环表面的摩擦性能进行探索，并指出表面织构不仅能够增加密封环两表面之间的承载能力，而且还能减少摩擦及密封环的泄漏量。

发动机方面，大约有 20% ~30% 的摩擦损耗来自于气缸套和活塞环系统[42,43]。近几年 Etsion 等[44]把表面织构运用于汽车发动机且实验验证了织构化气缸套表面能够减少 4% 的燃料损耗。国内中国矿业大学朱华教授等[45,46]也对汽车发动机做了类似的实验研究，结果表明，在汽车发动机气缸套表面加工合适的织构能够减少 30% ~49% 的摩擦损耗和气体泄漏量。同时 Pettersson 和 Jacobson[47]对液压电动机上的活塞表面进行了织构化处理，并利用扫描电子显微镜（SEM）分析了活塞表面磨损形貌，研究表明，织构表面有更好的耐磨性，图 1.4 为扫描电子显微镜下织构表面和无织构表面经磨损实验后的表面形貌。

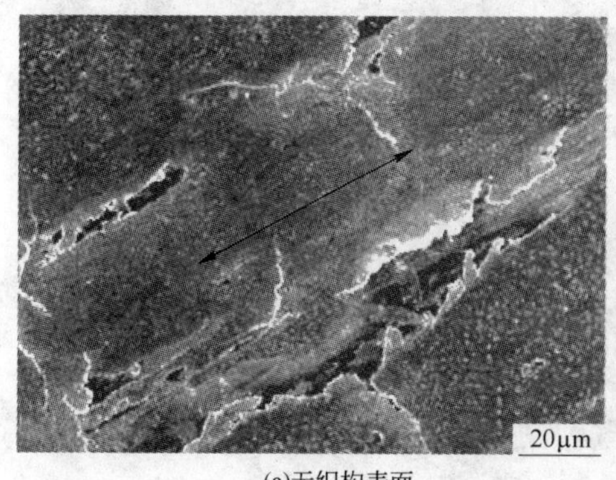
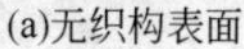

(a)无织构表面

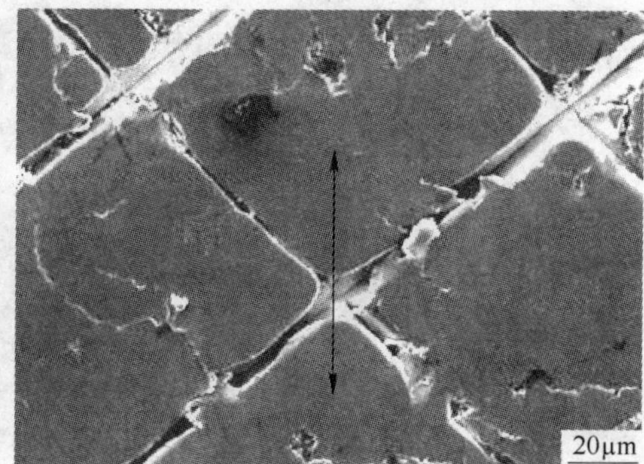

(b)织构表面

图 1.4　不同表面磨损后的微观形貌

同样，也有相关文献[9,48~50]报道了表面织构在轴承方面的应用，如 Mitidieri 等[48]利用了计算流体动力学模型模拟分析了表面织构在瓦片轴承中的作用，结果表明，织构化瓦片轴承表面能产生明显的动压效果。Rahmani 等[49]则报道了织构化表面在平行推力轴承中的应用且得出了类似的结论，其主要结论指出，表面织构不仅能增加了润滑膜的承载力，而且还能减少两接触表面间的摩擦系数。其他类似的报道还有 Kango 和 Sharma[50] 对径向轴承表面织构的研究和 Etsion[9] 实验调查织构化推力轴承表面等。

综述以上相关文献足以见得，表面织构作为一种改善摩擦学性能的方法，在摩擦学领域已经取得初步的进展。

1.2.3 润滑计算模型

研究流体润滑计算时，几何模型的建立是进行数值模拟的关键，由于织构图案有圆形、菱形、梯形等（如图 1.2 所示），在此只以传统的凹槽表面织构为例介绍研究表面织构时的关键性参数。如图 1.5（a）所示的凹槽织构表面三维示意图，由于表面织构呈周期性分布，一般取其中单个织构单元进行分析[51]，如图1.5（b）所示。对单个织构单元进行分析时，涉及的无量纲参数一般有：织构密度，等于单个织构面积与单个织构单元面积比；面积比率，定义为织构的直径或宽度与深度的比（如图 1.5（b）中面积比率等于 d/w）；以及织构深度与膜厚比等。从已发表的文献[52~61]可知，对表面织构进行研究时（不管是流体、边界、混合润滑等），以上无量纲参数作为主要的关键研究参数。

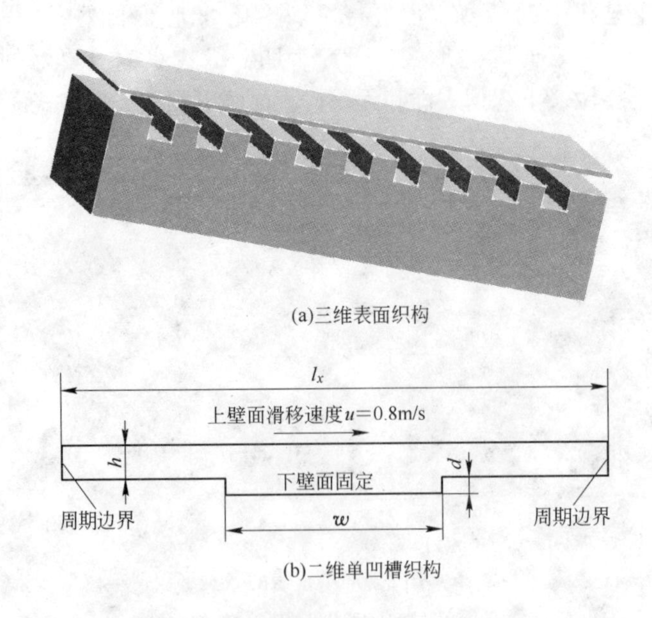

图 1.5 表面凹槽织构几何模型

如果确定了上述所讨论的表面织构几何模型及关键性研究参数，就可依据所建几何模型，忽略一些次要因素，建立所需的织构润滑计算模型，进而分析不同的织构参数下织构化表面的摩擦学表现。目前人们一般采用两种模型模拟分析表面织构的润滑性能。一种是基于 Reynolds 方程利用零平均法预测压力场、速度场[11,62~64]，另一种是基于 N-S 方程的计算流体动力学模型[48,51,65]。Reynolds 方程的一般形式为[3]：

$$\frac{\partial}{\partial x}\left(\frac{\rho h^3}{\eta}\frac{\partial p}{\partial x}\right)+\frac{\partial}{\partial y}\left(\frac{\rho h^3}{\eta}\frac{\partial p}{\partial y}\right)=6\left[\frac{\partial}{\partial x}(U\rho h)+\frac{\partial}{\partial y}(V\rho h)+2\rho\frac{\partial h}{\partial t}\right] \tag{1.1}$$

式中 ρ——润滑油密度；

η——润滑油黏度；

h——油膜厚度；

p——油膜压力；

U——摩擦副相对运动速度；

t——时间。

方程左端表示润滑膜压力在润滑表面上随坐标 x、y 的变化，右端表示产生润滑膜压力的各种效应，其物理意义如下：

（1）$U\rho\frac{\partial h}{\partial x},V\rho\frac{\partial h}{\partial y}$——产生动压效应；

（2）$\rho h\frac{\partial U}{\partial x},\rho h\frac{\partial V}{\partial y}$——产生伸缩效应；

（3）$Uh\frac{\partial \rho}{\partial x},Vh\frac{\partial \rho}{\partial y}$——变密度效应；

（4）$\rho\frac{\partial h}{\partial t}$——产生挤压效应。

根据所研究具体情况，Reynolds 方程可进一步进行简化，有些计算模型可以不考虑式 1.1 的挤压效应，又或者当流动假设为不可压流时，可省去变密度效应等，因此 Reynolds 方程的形式应视具体工况选择最合适的简化计算模型。

采用基于 Reynolds 方程的润滑计算模型分析流体润滑问题已有一个多世纪，且在大多数情况下能给出一个精确的解[51]。但 Elrod[66] 于 1979 年首次提出，并非所有润滑问题都可采用雷诺方程进行求解，雷诺方程只有在表面粗糙度为“雷诺粗糙度”时才可用，即表面粗糙度的高度要比润滑膜厚小一个数量级。之后，部分学者开始对雷诺方程的有效性及适用范围进行了相关报道[67~69]。如 Arghir 等[67]提出，当求解表面织构润滑问题时，如果考虑惯性项的影响，就不能再使用雷诺方程。Dobrica 等[68]指出，当雷诺数 $Re\leqslant 3$，面积比率 $\lambda=10$ 以及雷诺数 $Re\leqslant 60$，面积比率 $\lambda=100$ 时才能使用雷诺方程。Li 等[69]认为，当表面粗糙度高度大于膜厚的 10% 时，雷诺方程不可用。

鉴于雷诺方程的使用范围，近些年国内外学者开始提出了第二种计算模型，基于 N-S 方程的计算流体动力学模型[51,54,55,65]，同时 Almqvist 等[70]也对 N-S 方程和雷诺方程做了一个系统的比较研究，指出在大多数情况下，利用 N-S 方程建模求解表面织构润滑问题能得到更加精确的解。N-S 方程的一般形式如下。[71]

连续性方程：

$$\frac{\partial\rho}{\partial t}+\nabla\cdot(\rho V)=0 \tag{1.2}$$

动量方程：

x 方向

$$\frac{\partial(\rho u)}{\partial t}+\nabla\cdot(\rho uV)=-\frac{\partial p}{\partial x}+\frac{\partial\tau_{xx}}{\partial x}+\frac{\partial\tau_{yx}}{\partial y}+\frac{\partial\tau_{zx}}{\partial z}+\rho f_x \tag{1.3}$$

y 方向

$$\frac{\partial(\rho v)}{\partial t}+\nabla\cdot(\rho vV)=-\frac{\partial p}{\partial y}+\frac{\partial\tau_{xy}}{\partial x}+\frac{\partial\tau_{yy}}{\partial y}+\frac{\partial\tau_{zy}}{\partial z}+\rho f_y \tag{1.4}$$

z 方向

$$\frac{\partial(\rho w)}{\partial t}+\nabla\cdot(\rho wV)=-\frac{\partial p}{\partial z}+\frac{\partial\tau_{xz}}{\partial x}+\frac{\partial\tau_{yz}}{\partial y}+\frac{\partial\tau_{zz}}{\partial z}+\rho f_z \tag{1.5}$$

式中 ρ——润滑油密度；

$\nabla\cdot V$——单位体积运动着的流体微团体积变化的时间变化率；

u, v, w——速度的三个分量；

p——油膜压力；

t——时间；

τ——切应力；

f——单位质量流体微团上的体积力。

润滑计算问题中，一般假设润滑油为牛顿流体，对于牛顿流体[70]，式 1.3、式 1.4、式 1.5 中的切应力 τ 有如下转换关系：

$$\tau_{xx}=\lambda(\nabla\cdot V)+2\mu\frac{\partial u}{\partial x} \tag{1.6}$$

$$\tau_{yy}=\lambda(\nabla\cdot V)+2\mu\frac{\partial v}{\partial y} \tag{1.7}$$

$$\tau_{zz}=\lambda(\nabla\cdot V)+2\mu\frac{\partial w}{\partial z} \tag{1.8}$$

$$\tau_{xy}=\tau_{yx}=\mu\left(\frac{\partial v}{\partial x}+\frac{\partial u}{\partial y}\right) \tag{1.9}$$

$$\tau_{xz}=\tau_{zx}=\mu\left(\frac{\partial u}{\partial z}+\frac{\partial w}{\partial x}\right) \tag{1.10}$$

$$\tau_{yz}=\tau_{zy}=\mu\left(\frac{\partial w}{\partial y}+\frac{\partial v}{\partial z}\right) \tag{1.11}$$

式中 μ——分子的黏性系数；

λ——第二黏性系数，斯托克斯提出假设，认为：

$$\lambda=-\frac{2}{3}\mu \tag{1.12}$$

这一关系式已被广泛采用，但至今尚未被严格证明。

虽从某种意义上讲，N-S 方程求解会比雷诺方程要精确，但并不代表 N-S 方程能够取代雷诺方程。在某些方面，雷诺方程有其自身的优点和特点，如润滑膜厚为变量时，使用雷诺方程就方便得多。因此，在研究表面织构润滑问题时应视具体工况以及自己所需选择合适的计算模型。

1.2.4　关键研究参数

润滑状态随工况参数的变化而发生转变。图 1.6 为著名的 Stribeck 曲线，由图可知润滑状态大致可分为三种类型，即边界润滑、混合润滑、流体润滑[3]。不同的润滑状态下，表面织构对摩擦学性能的影响各不相同，甚至同一织构参数在不同的润滑状态下会有截然不同的结果。下面将逐一介绍现有研究成果中基于不同润滑状态下表面织构关键研究参数（面密度、深度、直径、形状等）对摩擦学性能的影响。

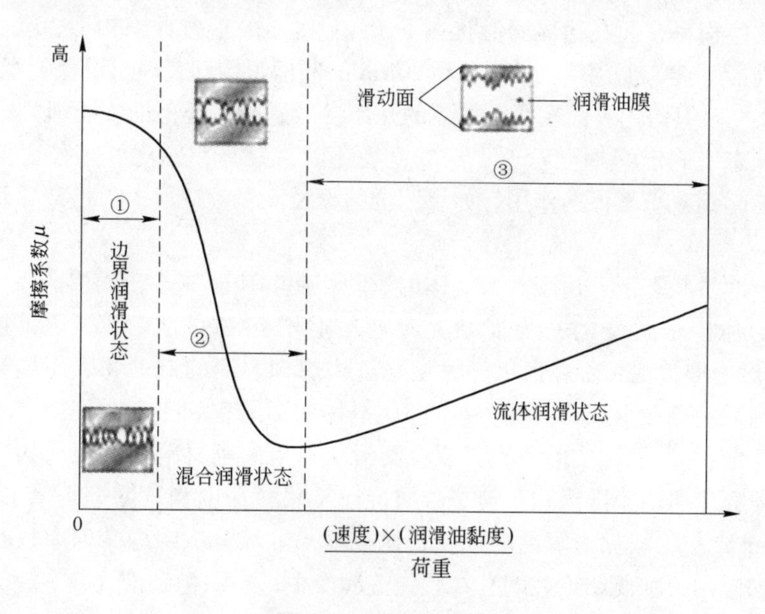

图 1.6　Stribeck 曲线

流体润滑状态下，Sahlin 等[51]基于流体为绝热、不可压、定常流动下，研究了雷诺数及织构几何参数与流体动压润滑之间的关系，其结果表明，承载力伴随着 *Re* 和凹槽宽度的增大而增大，而摩擦力受凹槽宽度和深度的影响，随其增加而增大。Etsion 等[11]实验调查了活塞环与气缸套接触表面织构密度对摩擦学性能的影响，结果表明，摩擦力随织构密度的增加而增大，织构直径对其影响不明显。而 Fu 等[52]综合多参数模拟了表面凹槽织构的动压润滑性能，研究了滑移表面平均压力和凹槽宽度、深度、间距、方向角之间的关系，主要研究结果表明：在流体动压润滑下，无量纲平均压力随织构宽度的增加而增加，但其增加幅度却随宽度增加而减小。除此之外，Costa 等[53]以实验方式详细探讨了流体动压润滑下，凹坑织构的形状、尺寸对膜厚的影响，指出面积比在 0.11 时，半圆形织构有最大的膜厚，而箭头形状织构能产生更大的膜厚动压。传统的表面织构设计模型其内部都是基于对称形状，如凹坑、凹槽织构，最近 Han 等[54]设计了一种内部非对称形状织构，从理论上分析了其对摩擦性能的影响，结果表明，非对称织构比对称织构展现出更好的动压润滑性能且可获得更大的承载力，并且笔者认为非对称织构将会取代对称织构而广受关注。

干摩擦和边界润滑状态下，Pettersson 等[55]实验研究了织构化不同涂层表面下织构深度对其摩擦性能的影响。研究发现，干摩擦时 TIN 涂层表面织构有更好的耐磨性，而加入润滑剂时，低摩擦持续时间比无织构表面更短，对于 DLC 涂层表面织构，在无润滑剂情况下，光滑表面（即无织构）表现出更低的摩擦系数和低的磨损率，而在边界润滑状态下，深度 50μm 正方形织构和 20μm 的交错形织构性能不佳，但深度为 50μm 和 20μm 的凹槽织构却表现出极低的摩擦系数。Wang 等[56]对织构化表面在线接触下的几何参数进行了类似的实验研究，发现在干摩擦状态下固定织构面积比、深度直径比时，只有在凹坑的直径比接触宽度小，才能起到减小摩擦的作用，如果凹坑的直径比接触宽度大，将会导致摩擦力的增加。

混合润滑状态下，由于涉及流体的流动和接触表面弹性变形相耦合，使对此类问题的建模求解变的甚为复杂。近十几年才有相关的文献报道，像 Kraker 等[57]提出一种微观 - 宏观多尺度模型来解决织构表面的流动和表面接触变形耦合的问题，使存在很强非线性关系的 3D 本构变形方程和 N-S 方程耦合求解变为可能。Gahr 等[58]利用实验研究了混合润滑状态下陶瓷材料表面织构的摩擦润滑机理，研究表明油膜随织构几何参数的特征尺寸（深度和宽度等）增加而减少。Shinkarenko 等[59]联立求解雷诺方程和弹性本构方程分析织构几何参数在软弹流润滑中的应用，主要结论表明，在软弹流润滑中，当织构密度为 0.3 时，能得到最好的摩擦性能。其他类似的弹流织构润滑报道如 Wang 等[60]、Krupka 等[61]。

综上分析可知，不同表面织构的几何参数在特定的工况下存在着不一样的摩擦润滑效果。同时研究表面织构的摩擦学性能时，大多基于确定的润滑状态下通过不同织构几何参数（如织构的密度、深度、直径和膜厚的比例、直径和深度的比例）来分析摩擦润滑性能。因此笔者认为，在研究表面织构的摩擦学性能时，表面织构的几何参数尤为重要，它将直接影响到表面织构是否会起到人们预想中的减摩、增压等作用。

1.2.5 润滑减摩机理

分析上述相关文献可知，不同工况下合适织构表面能够促进机械摩擦学性能。目前对表面织构作用机理的认识是：表面织构可以用来消除磨损碎片，改善磨合行为，提升润湿行为，储存润滑油，提高承载能力或者促进动压润滑[22,25~28]。

但迄今为止，人们对织构的润滑减摩机理还未完全弄清，尤其是表面织构能够提升润滑油膜承载力。Tønder[72]认为润滑油在织构化表面上流动，容易造成对润滑油的挤压而产生动压承载。Li[73]指出，表面织构造成动压的一个主要原因是润滑油流入表面凹槽内部形成扩散和收敛从而引起动压效果。也有部分学者认为产生动压效果的原因是表面织构内部容易形成负压，从而使部分润滑油形成气穴现象产生动压承载[65]。

至今，虽有不少文献[9,12,17,20,72,73]报道了表面织构的润滑减摩机理，但是却不统一，没能形成明确的、系统的织构润滑减摩机理。

1.3　表面织构的润滑减摩机理研究的思考

基于目前研究现状和发展趋势，虽然表面织构在摩擦学领域的研究已取得丰硕成果，但对表面织构的润滑减摩机理尚未建立完整的理论体系，尤其表现在如下几个方面。

（1）流体润滑状态下凹槽织构的几何形状对润滑减摩性能的影响规律。国内外学者对表面织构的摩擦学性能做了大量实验和理论研究工作[41~58]，但大多基于普通的对称性凹槽织构（如图1.7（a）所示），通过研究凹槽织构的几何参数来分析其内部流场的分布规律进而分析织构的润滑减摩特性。但针对呈现非对称性形状的凹槽织构（如图1.7（b）所示），其对摩擦学性能会有何种影响，是否和普通凹槽织构一样，鲜有文献报道，基于此点，有必要对此进行深入的研究和分析。

（2）摩擦副表面织构的排列布局对润滑减摩性能的影响规律。目前对摩擦副表面的织构化处理，大多基于整个摩擦副表面[17,18]，虽有极少数文献报道了活塞环表面部分织构化处理所获摩擦学性能优于充满织构的活塞环表面[11,44,49]，然而在流体润滑状态下，摩擦副表面部分凹槽织构化处理后，部分凹槽织构相对整个摩擦副表面的位置布局对润滑减摩行为的影响鲜有文献报道。

（3）由上述国内外研究现状可知，依据目前微制造技术水平，针对表面织构的研究主要为凹槽类织构（单凹槽织构、交叉形凹槽织构等）、凹坑类织构（圆柱形凹坑织构、正方形凹坑织构等）。而通过对不同类型织构的综合对比分析，研究何种类型织构表现出最优良的摩擦学性能，不同类型织构间在流体润滑状态下是否存在同一的润滑减摩机理，对此鲜有文献报道。而探讨不同类型织构间是否存在共同点是完善织构摩擦学理论的重要基础，因此有必要对此进行深入分析。

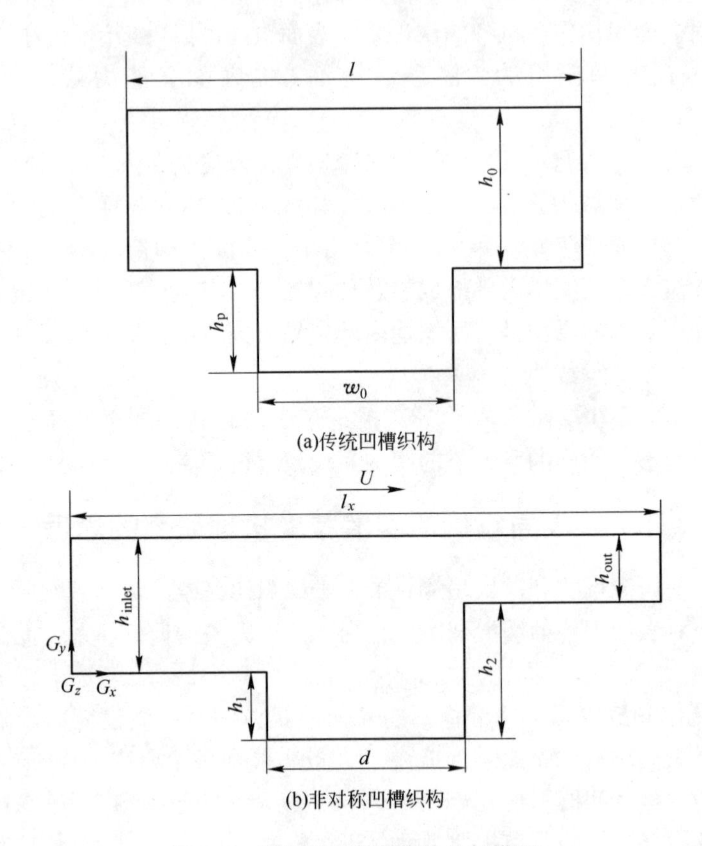

图 1.7 不同类型凹槽织构几何模型

参 考 文 献

[1] 黄德利．坎昆气候会议前的“暗算”［EB/OL］．http：//www. weather. com. cn/climate/qhbhyw/08/843354. shtml.

[2] 孟昭莉．可燃冰前景可期［EB/OL］．http：//news. cnfol. com/100909/101,1588，8398278，00. shtml.

[3] 温诗铸，黄平．摩擦学原理［M］．北京：清华大学出版社，2008.

[4] Zhao Yuncai，Hao Gaojie，Deng Chunming，Ma Wenyou. Study of orthogonal test of the tribological properties of the surface texturing coating［J］．Procedia Engineering，2011，6：53 – 58.

[5] Zhao Yuncai，Hao Gaojie，Deng Chunming，Ma Wenyou. The influence of rhombus cross track laser remelting on tribological properties of lubricating wear-resisting coating prepared plasma spraying［J］．Applied Mechanics and Materials，2011，122：1830 – 1835.

[6] Zhao Yuncai，Hao Gaojie，Deng Chunming，Ma Wenyou. Experiment study on tribological properties of the coating with different surface textures［J］．Applied Mechanics and Materials，

2011, 126: 2735 – 2740.

[7] Etsion I, Kligerman Y, Halperin G. Analytical and experimental investigation of laser-textured mechanical face seals [J]. STLE Tribol. Trans., 1999, 42: 511 – 516.

[8] Etsion I, Halperin G. A laser surface textured hydro-static mechanical seal [J]. STLE Tribol. Trans., 2002, 45: 430 – 434.

[9] Etsion I, Halperin G, Brizme V, Klingerman Y. Experimental investigation of laser surface textured parallel thrust bearing [J]. Tribol. Lett., 2004, 17: 295 – 300.

[10] Ryk G, Kligerman Y, Etsion I. Experimental investigation of laser surface texturing for reciprocating automotive components [J]. STLE Tribol. Trans., 2002, 45: 444 – 449.

[11] Kigerman Y, Etsion I, Shinkarenko A. Improving tribological performance of piston rings by partial surface texturing [J]. ASME J. Tribol., 2005, 127: 632 – 638.

[12] Hamilton D B, Walowit J, Allen C. A theory of lubrication by microasperities [J]. ASME J. of Basic Engineering, 1966, 88: 177 – 185.

[13] Willis E. Surface finish in relation to cylinder liners [J]. Wear, 1986, 109: 351 – 366.

[14] Rightmire G, Bill J, Anderson H. On the flow perturbations and friction reduction introduced by surface dimples [C]. In: Proceedings of the 14th Leeds-Lyon Symposiumon Tribology, 1987: 139 – 143.

[15] Schneider Y. Formation of surfaces with uniform micropatterns on precision machine and instrument parts [J]. Precision Engineering, 1984, 6: 219 – 225.

[16] Wang X, Kato K, Adachi K. The lubrication effect of micro-pits on parallel sliding faces of SiC in water [J]. Tribology Transactions, 2002, 45: 294 – 301.

[17] Wang X, Kato K. Improving the anti-seizure ability of SiC seal in water with RIE texturing [J]. Tribology Letters, 2003, 14: 275 – 280.

[18] Wang X, Kato K, Adachi K, et al. Loads carrying capacity map for the surface texture design of SiC thrust bearing sliding in water [J]. Tribology International, 2003, 36: 189 – 197.

[19] Ravinder B, Siripuram L. Stephens. Effect of deterministic asperity geometry on hydrodynamic lubrication [J]. Transactions of the ASME, 2004, 126: 527 – 534.

[20] Ranjan R, Lambeth D, Tromel M, et al. Laser texturing for low-flying-height media [J]. Journal of Applied Physics, 1991, 69: 5745 – 5747.

[21] Etsion I. State of the art in laser surface texturing [J]. J. Tribol, 2005, 127: 248 – 253.

[22] Etsion I. Improving tribological performance of mechanical seals by laser surface texturing [C]. In: Proc. 17th Int. Pump Users Symposium, 2000: 17 – 22.

[23] Ronen A, Etsion I, Kligerman Y. Friction-reducing surface texturing in reciprocating automotive components [J]. Tribology Transactions, 2001, 44: 359 – 366.

[24] Saka A, Liou M, Suh N. The role of tribology in electrical contact phenomena [J]. Wear, 1984, 100: 77 – 105.

[25] Wakuda M, Yamauchi Y, Kanzaki S, et al. Effect of surface texturing on friction reduction between ceramic and steel materials under lubricated sliding contact [J]. Wear, 2003, 254: 356 – 363.

[26] Pettersson U, Jacobson S. Influence of surface texture on boundary lubricated sliding contacts [J]. Tribology International, 2003, 36: 857 - 864.

[27] Oliveira J, Bottene A, Franca T. A novel dressing technique for texturing of ground surfaces [J]. CIRP Annals—Manufacturing Technology, 2010, 59: 361 - 364.

[28] 张云电，赵峰，黄文剑．摩擦副工作表面微坑超声加工方法的研究［J］．中国机械工程，2004，15：1280 - 1283.

[29] 李永健，陈皓生，陈大融，汪家道．表面形貌对磁盘 - 磁头间隙润滑影响的数值分析［J］．清华大学学报，2005，45：1493 - 1495.

[30] Aravind N, Murthy, Etsion I. Analysis of surface textured air bearing sliders with rarefaction effects [J]. Tribol Lett., 2007, 28: 251 - 261.

[31] Knigge B, Zhao Q, Talke F, et al. Tribologica properties and environmental effects of nano and pico sliders on laser textured media [J]. IEEE Trans. Magn., 1998, 34: 1732 - 1734.

[32] Khurshudov A, Knigge B, Talke F, et al. Tribology of laser-textured and mechanically-textured media [J]. IEEE Trans. Magn., 1997, 33: 3190 - 3192.

[33] Hu Y, Bogy D. Effects of laser textured disk surfaces on slider's flying characteristics [J]. J. Tribol., ASME, 1998, 120: 266 - 271.

[34] Zhou L, Beck M, Gatzen H, et al. The effect of slider texture on the tribology of near contact recording sliders [J]. Tribol. Lett, 2004, 16: 297 - 306.

[35] Su L, Deoras S, Talke F. Investigation of tribological and read-write performance of textured sliders [J]. IEEE Trans. Magn., 2005, 41: 3025 - 3027.

[36] Gui J, Tang H, Wang L, et al. Slip sliding away: A novel HDI and its tribology [J]. J. Appl. Phys., 2000, 87: 5383 - 5388.

[37] Fu L, Knigge B, Talke F, et al. Stiction of "padded", "stepped" and "crowned" pico sliders [J]. J. Info. Storage Proc. Syst., 2000, 2: 117 - 123.

[38] Etsion I, Burstein L. A model for mechanical seals with regular microsurface structure [J]. Tribology Transactions, 1996, 39: 677 - 683.

[39] Etsion I, Halperin G, Greenberg Y. Increasing mechanical seal life with laser-textured seal faces [C]. In: 15th Int. Conf. on Fluid Sealing BHR Group, Masatricht, 1997: 3 - 11.

[40] Yu X, He S, Cai R. Frictional characteristics of mechanical seals with a laser-textured seal face [J]. J. Materials Processing Technology, 2002, 129: 463 - 466.

[41] Philip C, Hadinata L, Scott S. Soft elastohydrodynamic analysis of radial lip seals with deterministic microasperities on the shaft [J]. Transactions of the ASME, 2007, 129: 851 - 859.

[42] Heywood J. Internal combustion engines fundamentals [C]. New York: McGraw-Hill, 1988.

[43] Nakada M. Trends in engine technology and tribology [J]. Tribol Int., 1994, 27: 3 - 8.

[44] Etsion I, Sher E. Improving fuel efficiency with laser surface textured piston rings [J]. Tribology International, 2009, 42: 542 - 547.

[45] Zhou Y, Zhu H, Tang W, et al. Development of the theoretical model for the optimal design of surface texturing on cylinder liner [J]. Tribology International, 2012, 52: 1 - 6.

[46] Zhu H, Li J, Ma C. Friction reduction effect of micro-round dimple surface texture with variable

density in reciprocating [J]. Journal of Southeast University, 2010, 40: 741 - 745.

[47] Pettersson U, Jacobson S. Textured surfaces for improved lubrication at high pressure and low sliding speed of roller/piston in hydraulic motors [J]. Tribology International, 2007, 40: 355 - 359.

[48] Brajdic-Mitidieri P, Gosman A D, Ioannides E, et al. CFD analysis of a low friction pocketed pad bearing [J]. Transactions of the ASME, 2005, 127: 803 - 812.

[49] Rahmani R, Shirvani A, Shirvani H. Optimization of partially textured parallel thrust bearings with square-shaped micro-dimples [J]. Tribology Transactions, 2007, 50: 401 - 406.

[50] Kango S, Singh D, Sharma R K. Numerical investigation on the influence of surface texture on the performance of hydrodynamic journal bearing [J]. Mechanica, 2012, 47: 469 - 482.

[51] Sahlin F, Glavatskih S, Almqvist T, et al. Two-dimensional CFD-analysis of micro-patterned surfaces in hydrodynamic lubrication [J]. Transactions of the ASME, 2005, 127: 96 - 102.

[52] Fu Y, Ji J, Bi Q. Hydrodynamic lubrication of conformal contacting surfaces with parabolic grooves [J]. Transactions of the ASME, 2012, 134: 0117011 - 0117019.

[53] Costa H L, Hutchings I M. Hydrodynamic lubrication of textured steel surfaces under reciprocating sliding conditions [J]. Tribology International, 2007, 40: 1227 - 1238.

[54] Han J, Fang L, Sun J. Hydrodynamic lubrication of surfaces with asymmetric microdimple [J]. Tribology Transactions, 2011, 54: 607 - 615.

[55] Pettersson U, Jacobson S. Influence of surface texture on boundary lubricated sliding contacts [J]. Tribology International, 2003, 36: 857 - 864.

[56] Wang X, Liu W, Zhou F, et al. Preliminary investigation of the effect of dimple size on friction in line contacts [J]. Tribology International, 2009, 42: 1118 - 1123.

[57] Kraker A, Ostayen R, Beek A, Rixen D. A multiscale method modeling surface texture effects [J]. Journal of Tribology., 2007, 129: 221 - 230.

[58] Gahr K, Wahl R, Wauthier K. Experimental study of the effect of microtexturing on oil lubricated ceramic/steel friction pairs [J]. Wear, 2009, 267: 1241 - 1251.

[59] Shinkarenko A, Kligerman Y, Etsion I. The effect of surface texturing in soft elasto-hydrodynamic lubrication [J]. Tribology International, 2009, 42: 284 - 292.

[60] Wang Q, Zhu D. Virtual texturing: Modeling the performance of lubricated contacts of engineered surfaces [J]. Transactions of the ASME, 2005, 127: 722 - 728.

[61] Krupka I, Hartl M. The effect of surface texturing on thin EHD lubrication films [J]. Tribology International, 2007, 40: 1100 - 1110.

[62] Brizmer V, Klingerman Y, Etsion I. A laser surface textured parallel thrust bearing [J]. STLE Tribol. Trans., 2003, 46: 397 - 403.

[63] Buscaglia G, Ciuperca I, Jai M. The effect of periodic textures on the static characteristics of thrust bearings [J]. ASME J. Tribol., 2005, 127: 899 - 902.

[64] Ausas R, Ragot P, Leiva J, et al. The impact of the cavitation model in the analysis of microtextured lubricated journal bearings [J]. ASME J. Tribol., 2007, 129: 868 - 875.

[65] Shi X, Ni T. Effects of groove textures on fully lubricated sliding with cavitation [J]. Tribology

International, 2011, 44: 20 - 22.

[66] Elrod H. A general theory for laminar lubrication with Reynolds roughness [J]. ASME J. Lubr. Technol., 1979, 101: 8 - 14.

[67] Arghir M, Roucou N, Helene M, et al. Theoretical analysis of the incompressible laminar flow in a macro-roughness cell [J]. Journal of Tribology, 2003, 125: 309 - 318.

[68] Dobrica M, Fillon M. About the validity of Reynolds equation and inertia effects in textured sliders of infinite width [J]. Engineering Tribology, 2009, 223: 69 - 78.

[69] Li J, Chen H. Evaluation on applicability of Reynolds equation for squared transverse roughness compared to CFD [J]. Transactions of the ASME, 2007, 129: 963 - 967.

[70] Almqvist T, Larsson R. Some remarks on the validity of Reynolds equation in the modeling of lubricant film flows of the surface roughness scale [J]. ASME J. Tribol., 2004, 126: 703 - 710.

[71] John D Anderson. 计算流体力学基础及应用 [M]. 吴颂平译. 北京: 机械工业出版社, 2007.

[72] Tønder K. Inlet roughness tribodevices: Dynamic coefficients and leakage [J]. Tribology International, 2001, 34: 847 - 852.

[73] Li J, Zhou F, Wang X. Modify the friction between steel ball and PDMS disk under water lubrication by surface texturing [J]. Meccanica, 2011, 46: 499 - 507.

2 流体力学及FLUENT相关理论

2.1 引　言

流体力学是进行流体力学工程计算的基础，从软件使用的角度出发，可以忽略这一基本流体力学知识，但若想对所计算的结果进行分析与整理，在设置边界条件时有所依据，则流体力学的有关知识是最基础性的。

2.2 流体力学相关概念

流体力学是力学的一个分支，它主要研究流体本身的静止状态和运动状态，以及流体和固体界壁间有相对运动时的相互作用和流动的规律。流体力学中研究得最多的流体是水和空气。它的主要基础是牛顿运动定律和质量守恒定律，常常还要用到热力学知识，有时还用到宏观电动力学的基本定律、本构方程和物理学、化学的基础知识[1,2]。

1738年伯努利出版他的专著时，首先采用了水动力学这个名词并作为书名；1880年前后出现了空气动力学这个名词；1935年以后，人们概括了这两方面的知识，建立了统一的体系，统称为流体力学。

流体是气体和液体的总称。在人们的生活和生产活动中随时随地都可遇到流体，所以流体力学是与人类日常生活和生产事业密切相关的。大气和水是最常见的两种流体，大气包围着整个地球，地球表面的70%是水。大气运动、海水运动（包括波浪、潮汐、中尺度涡旋、环流等）乃至地球深处熔浆的流动都是流体力学的研究内容。

2.2.1 理想流体和黏性流体

理想流体是一种没有黏性、不可压缩的流体，是一种理想模型，实际流体在运动中都会体现出黏性，即牛顿流体。自然界中的实际流体都是具有黏性的，所以实际流体又称黏性流体，主要指流体质点间可流层间因相对运动而产生摩擦力而反抗相对运动的性质[2]。

在实际生活中的流体流动，都会表现出或多或少的黏性。如河流中心的水流动较快时，由于黏性，靠近岸边的水却几乎不为所动。但在理论和工程计算某些问题时，为便于计算求解会忽略掉一些次要因素，从而使问题简单化[3]。假如流体的流动性是主要的，而黏性居于极次要地位，为便于建立简单的求解模型，可认为流体完全没有黏性，则所求解的流体为非黏性流体，即理想流体；相反，若黏性起着重要作用，则必须看作黏性流体来处理。在一般的流体流动计算中，如果可压缩性和黏性都处于极为次要的地位，就可以把它当作理想流体，因此通常情况下，理想流体是一种不可压缩且无黏性的流体。

2.2.2 牛顿流体与非牛顿流体

流体力学中，一般把流体分为牛顿流体和非牛顿流体。牛顿流体是指在受力后极易变形，且切应力与变形速率成正比的低黏性流体。凡属于牛顿流体都必须遵循牛顿内摩擦定律，其表达式如下：

$$\tau = \mu \frac{\partial u}{\partial n}$$

式中 n——法线方向；

μ——流体的动力黏度，通常称为流体黏度，其值取决于流体的性质、温度和压力大小，$N \cdot s/m^2$。

从流体力学的角度来说，凡是服从牛顿内摩擦定律的流体称为牛顿流体，否则称为非牛顿流体。所谓服从内摩擦定律是指在温度不变的条件下，随着流速梯度的变化，μ 值始终保持一常数。

在日常生活中，属于牛顿流体的例子有很多，如水、酒精等大多数纯液体、轻质油、低分子化合物溶液以及低速流动的气体等均为牛顿流体。

对于非牛顿流体，是指不满足牛顿黏性实验定律的流体，即其剪应力与剪切应变率之间不是线性关系的流体。非牛顿流体广泛存在于生活、生产和大自然之中。绝大多数生物流体都属于现在所定义的非牛顿流体。人身上血液、淋巴液、囊液等多种体液，以及像细胞质那样的“半流体”都属于非牛顿流体。

2.2.3 流体的可压缩及不可压缩

从流体力学的角度出发，流体可分为可压缩流体和不可压缩流体。通常我们把密度随温度和压强变化的流体称为可压缩流体。

压缩性是流体的基本属性。任何流体都是可以压缩的，只不过可压缩的程度不同而已。液体的压缩性都很小，随着压强和温度的变化，液体的密度仅有微小的变化，在大多数情况下，可以忽略压缩性的影响，认为液体的密度是一个常数，即不可压。

而气体的压缩性都很大。从热力学中可知，当温度不变时，完全气体的体积与压强成反比，压强增加 1 倍，体积减小为原来的 1/2；当压强不变时，温度升高 1℃，体积就比 0℃时的体积膨胀 1/273。所以，通常把气体看成是可压缩流体，即它的密度不能作为常数，而是随压强和温度的变化而变化的。

把液体看作是不可压缩流体、气体看作是可压缩流体，都不是绝对的。在实际工程中，要不要考虑流体的压缩性，要视具体情况而定。例如，研究管道中水击和水下爆炸时，水的压强变化较大，而且变化过程非常迅速，这时水的密度变化就不可忽略，即要考虑水的压缩性，把水当作可压缩流体来处理。又如，在锅炉尾部烟道和通风管道中，气体在整个流动过程中，压强和温度的变化都很小，其密度变化很小，可作为不可压缩流体处理。再如，当气体对物体流动的相对速度比声速要小得多时，气体的密度变化也很小，可以近似地看成是常数，也可当作不可压缩流体处理。

2.2.4 定常与非定常流动

流体（气体、液体）流动时，若流体中任何一点的压力、速度和密度等物理量都不随时间变化，则这种流动就称为定常流动，也可称为“稳态流动”或者“恒定流动”；即定常流动应该满足如下表达式：

$$\frac{\partial(\quad)}{\partial t}=0$$

反之，只要压力、速度和密度中任意一个物理量随时间而变化，流体就是作非定常流动，或者说流体作时变流动。非定常流动流体应满足的数学表达式如下：

$$\frac{\partial(\quad)}{\partial t}\neq 0$$

2.2.5 层流与湍流

流体流动时，如果流体质点的轨迹（一般说随初始空间坐标 x、y、z 和时间 t 而变）是有规则的光滑曲线（最简单的情形是直线），则这种流动叫层流；没有这种性质的流动叫湍流[4,5]。1959 年 J. 欣策曾对湍流下过这样的定义：湍流是流体的不规则运动，流场中各种量随时间和空间坐标发生紊乱的变化，然而从统计意义上说，可以得到它们的准确的平均值。

在直径为 d 的直管中，若流体的平均流速为 v，由流体运动黏度 ν 组成的雷诺数有一个临界值（大约为 2300 ~ 2800），若雷诺数小于此值则流动是层流，在这种情况下，一旦发生小的随机扰动，随着时间的增长这扰动会逐渐衰减下去；反之层流就不可能存在，一旦有小扰动，扰动会增长而转变成湍流。雷诺在 1883 年用玻璃管做试验，区别出发生层流或湍流的条件。把试验的流体染色，可以看到染上颜色的质点在层流时都走直线。当雷诺数超过临界值时，可以看到质点有随机性的混合，即流体运动对时间和空间来说都有脉动，也就是湍流。不用统计、概率论的方法引进某种量的平均值就难以描述这一流动。除直管中湍流外还有多种多样各具特点的湍流，虽经大量实验和理论研究，但至今对湍流尚未建立起一套统一而完整的理论。

大多数学者认为应该从 N-S 方程出发研究湍流。湍流对很多重大科技问题极为重要，因此，近几十年所采取的做法是针对具体一类现象建立适合它特点的具体的力学模型。例如，只适用于附体流的湍流模型；只适用于简单脱体然后又附体的流动；只适用于翼剖面尾迹的或者只适用于激波和边界层相互作用的湍流模型等。湍流这个困难而又基本的问题，近年来日益受到了物理学界的重视。

2.3　流体力学运动方程

2.3.1　连续性方程

自然界中，流体流动可由三大基本的物理守恒定律描述，分别是质量守恒、动量守恒、能量守恒。通常情况下，在假设流体符合连续性假设前提下，通过对这三大定律进行合适的推导及简化可得到流体流动的控制方程。

考虑如图 2.1 所示的流动模型，流体流经一个空间固定的无穷小微团。为方便起见，这里统一采用笛卡尔坐标系，其中密度和速度都是空间坐标（x，y，z）和时间 t 的函数。一个由边长 $\mathrm{d}x$、$\mathrm{d}y$ 和 $\mathrm{d}z$ 组成的无穷小微团固定于空间中（x，y，z）的位置，如图 2.1（a）所示。而图 2.1（b）给出了质量流量穿过该固定微团的示意图。

如图 2.1 所示，假设流体微团为六面体，则沿 x、y、z 方向的六个界面的面积分别为：

（1）垂直 x 方向左右两界面：$\mathrm{d}y\mathrm{d}z$；

（2）垂直 y 方向上下两界面：$\mathrm{d}x\mathrm{d}z$；

（3）垂直 z 方向前后两界面：$\mathrm{d}x\mathrm{d}y$。

以左右边界面为例，由于速度和密度是空间位置的函数，因此穿过左右边界面的质量流量将不相等。穿过左边界面的质量流量为 $(\rho u)\mathrm{d}y\mathrm{d}z$，穿过右边界面的质量流量为 $\{\rho u+[\partial(\rho u)/\partial x]\mathrm{d}x\}\mathrm{d}y\mathrm{d}z$。同理可求出其他边界面的质量流量，垂直 y 方向上下两界面为：$(\rho v)\mathrm{d}x\mathrm{d}z$、$\{\rho v+[\partial(\rho v)/\partial y]\mathrm{d}y\}\mathrm{d}x\mathrm{d}z$，垂直 z 方向前后两界面为：$(\rho w)\mathrm{d}y\mathrm{d}x$、$\{\rho w+[\partial(\rho w)/\partial z]\mathrm{d}z\}\mathrm{d}x\mathrm{d}y$。一般定义 u、v、w 分别指向 x、y、z 轴正向时表示正的，因此图 2.1 中箭头表示穿过界面的流入量和流出量，同时定义净流出量为正，那么可以得出坐标轴三个方向的净流出量分别为：

x 方向的净流出量

$$\left[\rho u+\frac{\partial(\rho u)}{\partial x}\mathrm{d}x\right]\mathrm{d}y\mathrm{d}z-(\rho u)\mathrm{d}y\mathrm{d}z=\frac{\partial(\rho u)}{\partial x}\mathrm{d}x\mathrm{d}y\mathrm{d}z$$

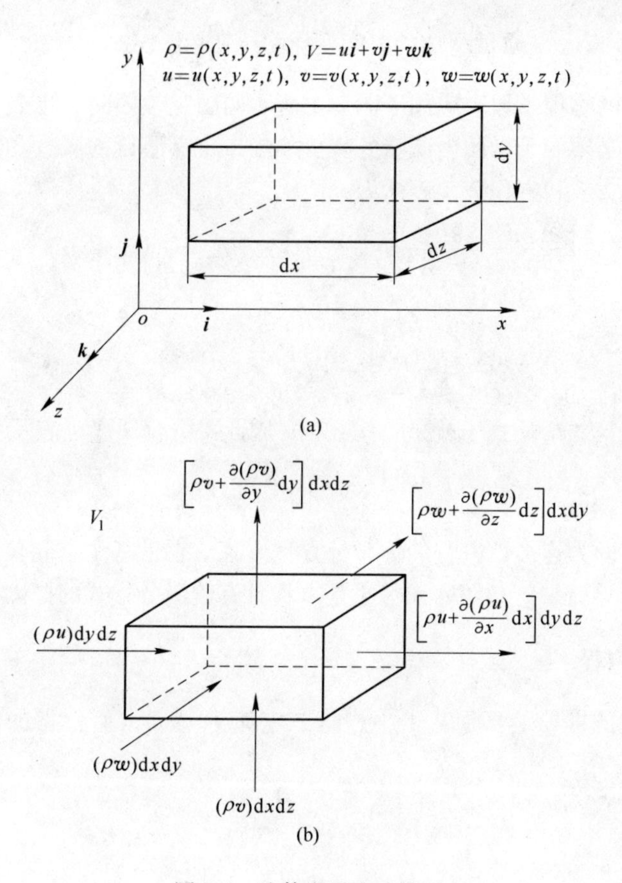

图 2.1 流体微团流动模型

y 方向的净流出量

$$\left[\rho v+\frac{\partial(\rho v)}{\partial y}\mathrm{d}y\right]\mathrm{d}x\mathrm{d}z-(\rho v)\mathrm{d}x\mathrm{d}z=\frac{\partial(\rho v)}{\partial y}\mathrm{d}x\mathrm{d}y\mathrm{d}z$$

z 方向的净流出量

$$\left[\rho w+\frac{\partial(\rho w)}{\partial z}\mathrm{d}z\right]\mathrm{d}x\mathrm{d}y-(\rho w)\mathrm{d}x\mathrm{d}y=\frac{\partial(\rho w)}{\partial z}\mathrm{d}x\mathrm{d}y\mathrm{d}z$$

因此，由以上三个式子可求出流出流体微团的净质量流量为：

$$\text{净质量流量}=\left[\frac{\partial(\rho u)}{\partial x}+\frac{\partial(\rho v)}{\partial y}+\frac{\partial(\rho w)}{\partial z}\right]\mathrm{d}x\mathrm{d}y\mathrm{d}z \tag{2.1}$$

无穷小流体微团内流体的总质量为 $\rho(\mathrm{d}x\mathrm{d}y\mathrm{d}z)$，因此微团内质量增加的时间变化率为：

$$\text{质量增加的时间变化率} = \frac{\partial \rho}{\partial t}(\mathrm{d}x\mathrm{d}y\mathrm{d}z) \tag{2.2}$$

质量守恒的物理学原理应用于图 2.1 所示的固定微团时，可表示为流体微团的净质量流量必须等于微团内质量的减少。如果定义质量的减少为负，上面的表述可根据方程 2.1 和方程 2.2 表示为：

$$\left[\frac{\partial(\rho u)}{\partial x} + \frac{\partial(\rho v)}{\partial y} + \frac{\partial(\rho w)}{\partial z}\right]\mathrm{d}x\mathrm{d}y\mathrm{d}z = \frac{\partial \rho}{\partial t}(\mathrm{d}x\mathrm{d}y\mathrm{d}z)$$

或

$$\frac{\partial \rho}{\partial t} + \left[\frac{\partial(\rho u)}{\partial x} + \frac{\partial(\rho v)}{\partial y} + \frac{\partial(\rho w)}{\partial z}\right] = 0 \tag{2.3}$$

方程左边第二项的式子就是$\nabla \cdot (\rho V)$。因此，方程 2.3 可表示为：

$$\frac{\partial \rho}{\partial t} + \nabla \cdot (\rho V) = 0 \tag{2.4}$$

以上方程 2.4 即为连续性方程的偏微分方程形式。它是基于空间位置固定的无穷小微团模型推导而来。微团的无穷小是方程具有偏微分形式的原因。

2.3.2　动量方程

动量方程的推导主要是基于牛顿第二定律 $F = ma$，所依据的流动模型如图 2.2 所示。

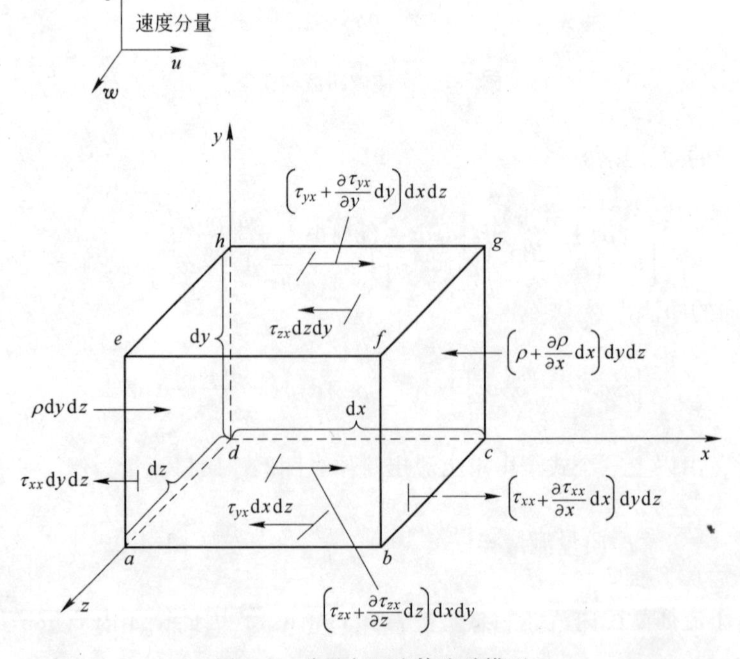

图 2.2　动量方程流体流动模型

根据牛顿第二定律可知，作用于流体微团上力的总和等于微团的质量乘以微团运动时的加速度。这是一个向量关系式，可以沿 x、y、z 轴分解成三个标量关系式。如果仅考虑其中的 x 方向分量，有：

$$F_x = ma_x \tag{2.5}$$

式中　F_x，a_x——分别为力和加速度在 x 方向的分量。

方程 2.5 左边表示流体微团受到沿 x 方向的力，这个力的来源主要有两个方面。第一，体积力，直接作用在流体微团整个体积微元上的力，而且作用是超距离的，比如重力、电场力、磁场力。第二，表面力，直接作用在流体微团的表面（它们只能是包在流体微团周围的流体施加的作用于微团表面的压力分布，以及由外部流体推拉微团产生的以摩擦的方式作用于表面的切应力和正应力分布）。

施加在流体微团 x 方向的全部表面力如图 2.2 所示，我们约定用 τ_{ij}表示 j 方向的应力作用在垂直于 i 轴的平面上。在面 $abcd$ 上，仅存在由切应力引起的 x 方向分力 $\tau_{yx}\mathrm{d}x\mathrm{d}y$。面 $efgh$ 与平面 $abcd$ 的距离为 $\mathrm{d}y$，所以 $efgh$ 面上 x 方向的切应力为$[\tau_{yx} + (\partial\tau_{yx}/\partial y)\mathrm{d}y]\mathrm{d}x\mathrm{d}z$。对于面 $abcd$ 与面 $efgh$ 上的切应力，要注意它们的方向。在底面，τ_{yx}是向左的（与 x 轴方向相反），在顶面，力 $\tau_{yx} + (\partial\tau_{yx}/\partial y)\mathrm{d}y$ 是向右的（与 x 轴方向相同）。

如图 2.2 所示，图中其他黏性力的方向，包括 τ_{xx}都可以用相同的方式进行判断。特别是在面 $dcgh$ 上，τ_{zx}指向 x 轴负方向；在面 $abfe$ 上，$\tau_{zx} + (\partial\tau_{zx}/\partial z)\mathrm{d}z$ 指向 x 轴正向。在垂直于 x 轴的面 $adhe$ 上，x 方向的力有压力 $p\mathrm{d}x\mathrm{d}z$，指向流体微团的内部；还有沿 x 轴负向的应力 $\tau_{xx}\mathrm{d}y\mathrm{d}z$。在面 $bcgf$ 上，压力 $[p + (\partial p/\partial x)\mathrm{d}x]\mathrm{d}y\mathrm{d}z$ 指向流体微团内部（沿 x 轴负向）。面 $bcfg$ 会产生一个由黏性正应力引起的吸力，其大小为 $\{\tau_{xx} + (\partial\tau_{xx}/\partial x)\mathrm{d}x\}\mathrm{d}y\mathrm{d}z$，沿 x 轴正向。

综上所述，对运动的流体微团，有如下力的表达方式。

沿 x 方向总的表面力为：

$$\left[p - \left(p + \frac{\partial p}{\partial x}\mathrm{d}x\right)\right]\mathrm{d}y\mathrm{d}z + \left[\left(\tau_{zx} + \frac{\partial\tau_{zx}}{\partial x}\mathrm{d}x\right) - \tau_{zx}\right]\mathrm{d}y\mathrm{d}z + \left[\left(\tau_{yx} + \frac{\partial\tau_{yx}}{\partial y}\mathrm{d}y\right) - \tau_{yx}\right]\mathrm{d}x\mathrm{d}z + \left[\left(\tau_{zx} + \frac{\partial\tau_{zx}}{\partial z}\mathrm{d}z\right) - \tau_{zx}\right]\mathrm{d}x\mathrm{d}y \tag{2.6}$$

由于作用于流体微团上的体积力沿 x 方向为$\rho f_x(\mathrm{d}x\mathrm{d}y\mathrm{d}z)$，因此结合式 2.6 可以得出沿 x 方向的总的受力 F_x 为：

$$F_x = \left(-\frac{\partial p}{\partial x} + \frac{\partial\tau_{xx}}{\partial x} + \frac{\partial\tau_{yx}}{\partial y} + \frac{\partial\tau_{zx}}{\partial z}\right)\mathrm{d}x\mathrm{d}y\mathrm{d}z + \rho f_x\mathrm{d}x\mathrm{d}y\mathrm{d}z \tag{2.7}$$

下面考虑方程 2.5 右边，作为运动的流体微团，其质量是固定不变的，即：

$$m = \rho\mathrm{d}x\mathrm{d}y\mathrm{d}z \tag{2.8}$$

另外，流体微团时间变化率的物质导数的表达式为：

$$a_x = \frac{\mathrm{D}u}{\mathrm{D}t} \tag{2.9}$$

因此，联合式 2. 5、式 2. 7 以及式 2. 9，可以得到沿 x 方向的动量方程如下：

$$\rho \frac{\mathrm{D}u}{\mathrm{D}t} = -\frac{\partial p}{\partial x} + \frac{\partial \tau_{xx}}{\partial x} + \frac{\partial \tau_{yx}}{\partial y} + \frac{\partial \tau_{zx}}{\partial z} + \rho f_x \tag{2.10}$$

同理，可用同样的方法得出 y 方向及 z 方向的动量方程为：

$$\rho \frac{\mathrm{D}v}{\mathrm{D}t} = -\frac{\partial p}{\partial y} + \frac{\partial \tau_{xy}}{\partial x} + \frac{\partial \tau_{yy}}{\partial y} + \frac{\partial \tau_{zy}}{\partial z} + \rho f_y \tag{2.11}$$

$$\rho \frac{\mathrm{D}w}{\mathrm{D}t} = -\frac{\partial p}{\partial z} + \frac{\partial \tau_{xz}}{\partial x} + \frac{\partial \tau_{yz}}{\partial y} + \frac{\partial \tau_{zz}}{\partial z} + \rho f_z \tag{2.12}$$

根据物质导数的定义，将物质导数展开以及利用标量与向量乘积的散度的向量恒等式，可以得到动量方程的守恒形式如下：

x 方向
$$\frac{\partial(\rho u)}{\partial t} + \nabla \cdot (\rho u V) = -\frac{\partial p}{\partial x} + \frac{\partial \tau_{xx}}{\partial x} + \frac{\partial \tau_{yx}}{\partial y} + \frac{\partial \tau_{zx}}{\partial z} + \rho f_x \tag{2.13}$$

y 方向
$$\frac{\partial(\rho v)}{\partial t} + \nabla \cdot (\rho v V) = -\frac{\partial p}{\partial y} + \frac{\partial \tau_{xy}}{\partial x} + \frac{\partial \tau_{yy}}{\partial y} + \frac{\partial \tau_{zy}}{\partial z} + \rho f_y \tag{2.14}$$

z 方向
$$\frac{\partial(\rho w)}{\partial t} + \nabla \cdot (\rho w V) = -\frac{\partial p}{\partial z} + \frac{\partial \tau_{xz}}{\partial x} + \frac{\partial \tau_{yz}}{\partial y} + \frac{\partial \tau_{zz}}{\partial z} + \rho f_z \tag{2.15}$$

2.3.3　能量方程

能量方程的推导可根据热力学第一定律。流体微团模型如图 2. 3 所示。热力学第一定律如下：

$$\text{能量随时间的变化率} = \text{热量净增加量}(\sum \dot{Q}) + \text{净做功量}(\sum \dot{W}) \tag{2.16}$$

可以证明，作用在一个运动物体上的力，对物体做功的功率等于这个力乘以速度在此力作用方向上的分量。所以，作用于速度为 V 的流体微团上的体积力，其做功的功率为：

$$\rho f \cdot V(\mathrm{d}x\mathrm{d}y\mathrm{d}z)$$

至于表面力（压力加上切应力和正应力），只考虑作用 x 方向上的力，如图 2. 3 所示。在图 2. 3 中，x 方向上压力和切应力对流体微团做功的功率，就等于速度的 x 分量 u 乘以力（如在面 $abcd$ 上为 $\tau_{xy}\mathrm{d}x\mathrm{d}y$），即 $u\tau_{xy}\mathrm{d}x\mathrm{d}y$。其他面上也可得到类似的表达式。图 2. 3 中清楚地标出了各面上的表面力在 x 方向做功的功率。为得到表面力对流体微团做功的总功率，假设作用在 x 正向上的力做正功，在 x 负向上的力做负功。因此，对比图 2. 3 可知，在面 $adhe$ 和面 $bcgf$ 上的压力，其在 x 方向所做功的功率为：

$$\left[up - \left(up + \frac{\partial(up)}{\partial x}\mathrm{d}x\right)\right]\mathrm{d}y\mathrm{d}z = -\frac{\partial(up)}{\partial x}\mathrm{d}x\mathrm{d}y\mathrm{d}z$$

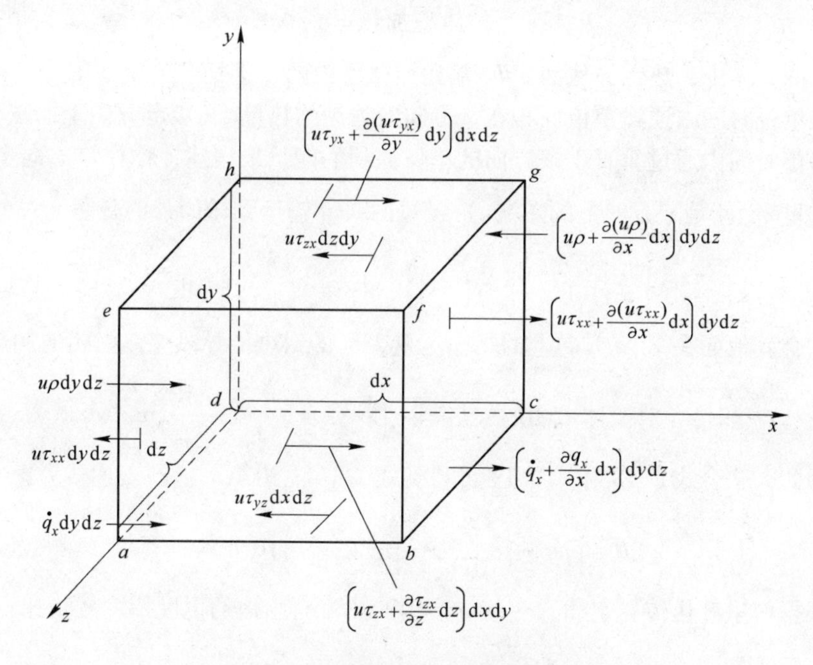

图 2.3 能量方程推导流体微团模型

同理，在面 $abcd$ 和面 $efgh$ 上，切应力在 x 方向上做功的功率为：

$$\left[\left(u\tau_{yz}+\frac{\partial(u\tau_{yz})}{\partial y}\mathrm{d}y\right)-u\tau_{yx}\right]\mathrm{d}x\mathrm{d}z=\frac{\partial(u\tau_{yx})}{\partial y}\mathrm{d}x\mathrm{d}y\mathrm{d}z$$

另外，所有表面力对运动微团做功的功率为：

$$\left[-\frac{\partial(up)}{\partial x}+\frac{\partial(u\tau_{xx})}{\partial x}+\frac{\partial(u\tau_{yx})}{\partial y}+\frac{\partial(u\tau_{zx})}{\partial z}\right]\mathrm{d}x\mathrm{d}y\mathrm{d}z$$

上式仅考虑了 x 方向上的表面力。y 和 z 方向上的表面力也有类似的表达式。综合在一起就是表面力在 x、y、z 三个方向上对运动流体微团做功的总功率，也就是式 2.16 中右边最后一项。可用如下式子表达：

$$C=-\left[\left(\frac{\partial(up)}{\partial x}+\frac{\partial(vp)}{\partial y}+\frac{\partial(wp)}{\partial z}\right)+\frac{\partial(u\tau_{xx})}{\partial x}+\frac{\partial(u\tau_{yx})}{\partial y}+\frac{\partial(u\tau_{zx})}{\partial z}+\frac{\partial(v\tau_{xy})}{\partial x}+\frac{\partial(v\tau_{yy})}{\partial y}+\frac{\partial(v\tau_{zy})}{\partial z}+\frac{\partial(w\tau_{xz})}{\partial x}+\frac{\partial(w\tau_{yz})}{\partial y}+\frac{\partial(w\tau_{zz})}{\partial z}\right]\mathrm{d}x\mathrm{d}y\mathrm{d}z+\rho fV\mathrm{d}x\mathrm{d}y\mathrm{d}z \tag{2.17}$$

式 2.16 中右边第一项为进入流体微团的总热量，这一热流来自于体积加热，如吸收或释放的辐射热；由温度梯度导致的跨过表面的热输运，即热传导。如果定义 $\dot{q}$ 为单位质量的体积加热率，在图 2.3 中，运动流体微团的质量为 $\rho\mathrm{d}x\mathrm{d}y\mathrm{d}z$，由此可得到：

$$流体微团的体积加热 = \rho \dot{q} \mathrm{d}x\mathrm{d}y\mathrm{d}z \tag{2.18}$$

在图 2.3 中，热传导从面 $adhe$ 输运给微团内的热量是 $\dot{q}_x \mathrm{d}y\mathrm{d}z$，其中 $\dot{q}_x$ 是热传导在单位时间内通过单位面积在 x 方向上输运的热量。（给定方向上的热传导，若以单位时间内通过垂直于该方向的单位面积的能量来表述，称作该方向上的热流。这里 $\dot{q}_x$ 就是 x 方向上的热流。）经过面 $bcgf$ 输运到微团外的热量为：

$$\left[\dot{q}_z - \left(\dot{q}_x + \frac{\partial \dot{q}}{\partial x}\mathrm{d}z\right)\right]\mathrm{d}y\mathrm{d}z = -\frac{\partial \dot{q}_x}{\partial x}\mathrm{d}x\mathrm{d}y\mathrm{d}z$$

综合其他面在 y、z 方向上的热输运量，可得到热传导对流体微团的加热是：

$$热传导对流体微团的加热 = -\left(\frac{\partial \dot{q}_x}{\partial x} + \frac{\partial \dot{q}_y}{\partial y} + \frac{\partial \dot{q}_z}{\partial z}\right)\mathrm{d}x\mathrm{d}y\mathrm{d}z \tag{2.19}$$

因此，联合式 2.18 和式 2.19 可得到式 2.16 右边第一项的表达式为：

$$B = \left[\rho\dot{q} - \left(\frac{\partial \dot{q}_x}{\partial x} + \frac{\partial \dot{q}_y}{\partial y} + \frac{\partial \dot{q}_z}{\partial z}\right)\right]\mathrm{d}x\mathrm{d}y\mathrm{d}z \tag{2.20}$$

根据傅里叶热传导定律，热传导产生的热流与当地的温度梯度成正比：

$$\dot{q}_x = -k\frac{\partial T}{\partial x},\ \dot{q}_y = -k\frac{\partial T}{\partial y},\ \dot{q}_z = -k\frac{\partial T}{\partial z}$$

其中 k 为热导率。因此式 2.20 可表示成为：

$$B = \left[\rho q + \frac{\partial}{\partial x}\left(k\frac{\partial T}{\partial x}\right) + \frac{\partial}{\partial y}\left(k\frac{\partial T}{\partial y}\right) + \frac{\partial}{\partial z}\left(k\frac{\partial T}{\partial z}\right)\right]\mathrm{d}x\mathrm{d}y\mathrm{d}z \tag{2.21}$$

由此，式 2.16 右边项的表达式都已求出，对左边项，即能量随时间的变化率，运动流体微团的能量来源于两方面：

（1）分子随机运动产生的（单位质量）内能 e；

（2）流体微团平动时具有的动能，单位质量的动能为 $V^2/2$。

因此，运动着的流体微团既有动能又有内能，两者之和就是总能量。式 2.16 中左边项表示的能量便是总能量，即内能与动能之和。这一总能量为 $e + V^2/2$。由于是跟随着一个运动的流体微团，单位质量的总能量变化的时间变化率由物质导数给出。流体微团的质量为 $\rho\mathrm{d}x\mathrm{d}y\mathrm{d}z$，所以有：

$$A = \rho\frac{\mathrm{D}}{\mathrm{D}t}\left(e + \frac{V^2}{2}\right)\mathrm{d}x\mathrm{d}y\mathrm{d}z \tag{2.22}$$

因此，将所求的式 2.17、式 2.21 以及式 2.22 代入式 2.16 可得到能量方程的最终形式如下：

$$\rho\frac{\mathrm{D}}{\mathrm{D}t}\left(e + \frac{V^2}{2}\right) = \rho\dot{q} + \frac{\partial}{\partial x}\left(k\frac{\partial T}{\partial x}\right) + \frac{\partial}{\partial y}\left(k\frac{\partial T}{\partial y}\right) + \frac{\partial}{\partial z}\left(k\frac{\partial T}{\partial z}\right) - \frac{\partial(up)}{\partial x} -$$

$$\frac{\partial(vp)}{\partial y} - \frac{\partial(wp)}{\partial z} + \frac{\partial(u\tau_{xx})}{\partial x} + \frac{\partial(u\tau_{yx})}{\partial y} + \frac{\partial(u\tau_{zx})}{\partial z} + \frac{\partial(v\tau_{xy})}{\partial x} +$$

$$\frac{\partial(v\tau_{yy})}{\partial y}+\frac{\partial(v\tau_{zy})}{\partial z}+\frac{\partial(w\tau_{xz})}{\partial x}+\frac{\partial(w\tau_{yz})}{\partial y}+\frac{\partial(w\tau_{zz})}{\partial z}+\rho fV \tag{2.23}$$

通过一定的整理推导，也可以写成完全用流场变量表示的能量方程：

$$\begin{aligned}\rho\frac{\mathrm{D}e}{\mathrm{D}t}=&\rho\dot{q}+\frac{\partial}{\partial x}\left(k\frac{\partial T}{\partial x}\right)+\frac{\partial}{\partial y}\left(k\frac{\partial T}{\partial y}\right)+\frac{\partial}{\partial z}\left(k\frac{\partial T}{\partial z}\right)-p\left(\frac{\partial u}{\partial x}+\frac{\partial v}{\partial y}+\frac{\partial w}{\partial z}\right)+\\&\lambda\left(\frac{\partial u}{\partial x}+\frac{\partial v}{\partial y}+\frac{\partial w}{\partial z}\right)^2+\mu\left[2\left(\frac{\partial u}{\partial x}\right)^2+2\left(\frac{\partial v}{\partial y}\right)^2+2\left(\frac{\partial w}{\partial z}\right)^2+\right.\\&\left.\left(\frac{\partial u}{\partial y}+\frac{\partial v}{\partial x}\right)^2+\left(\frac{\partial u}{\partial z}+\frac{\partial w}{\partial x}\right)^2+\left(\frac{\partial v}{\partial z}+\frac{\partial w}{\partial y}\right)^2\right]\end{aligned} \tag{2.24}$$

以上即为流体运动控制方程的推导，包括连续性方程、动量方程以及能量方程。通常对流体运动的模拟都是基于以上三大控制方程，通过一定的数值方法对方程进行求解，并对所求结果进行一定的后处理。这一理念也就是现代所谓的计算流体动力学分析。

2.4 FLUENT 软件介绍

FLUENT 软件是目前市场上最流行的 CFD 软件，主要用于流体流动和传热问题的计算。它可以很有效地生成非结构网格，特别是对相对复杂的几何结构网格生成非常有效；同时，FLUENT 还可以根据计算结果调整网格。网格的这种自适应能力对于精确求解有较大梯度的流场有很大的实际作用，可以有效节约计算的时间成本[6,7]。

2.4.1 FLUENT 软件的基本特点

在使用商用 CFD 软件的工作中，大约有 80% 的时间是花费在网格划分上的，可以说网格划分能力的高低是决定工作效率的主要因素之一。FLUENT 软件采用非结构网格与适应性网格相结合的方式进行网格划分。与结构化网格和分块结构网格相比，非结构网格划分便于处理复杂外形的网格划分，而适应性网格则便于计算流场参数变化剧烈、梯度很大的流动，同时这种划分方式也便于网格的细化或粗化，使得网格划分更加灵活、简便。

FLUENT 的内核部分是用 C 语言写成的，软件界面则是用 LISP 语言的一个分支 Scheme 语言写成的。因为 C 语言在计算机资源的分配使用上非常灵活，所以 FLUENT 也在这方面拥有很大的灵活性，并可以在“客户/服务器”模式下进行网络计算。而 LISP 类型的语言允许高级用户通过编制宏和自定义函数改变软件的外观，使用户在使用中可以根据自己的喜好定制界面，这点是 FLUENT 软件的一个显著特色。

2.4.2 FLUENT 软件的基本构成

FLUENT 软件包中包括以下部分：

（1）FLUENT 求解器——FLUENT 软件的核心，所有计算在此完成。

（2）prePDF——FLUENT 用 PDF 模型计算燃烧过程的预处理软件。

（3）GAMBIT——FLUENT 提供的网格生成软件。

（4）TGRID——FLUENT 用于从表面网格生成空间网格的软件。

（5）过滤器——或者叫翻译器，可以将其他 CAD/CAE 软件生成的网格文件变成能被 FLUENT 识别的网格文件。上述几种软件之间的关系如图 2.4 所示。

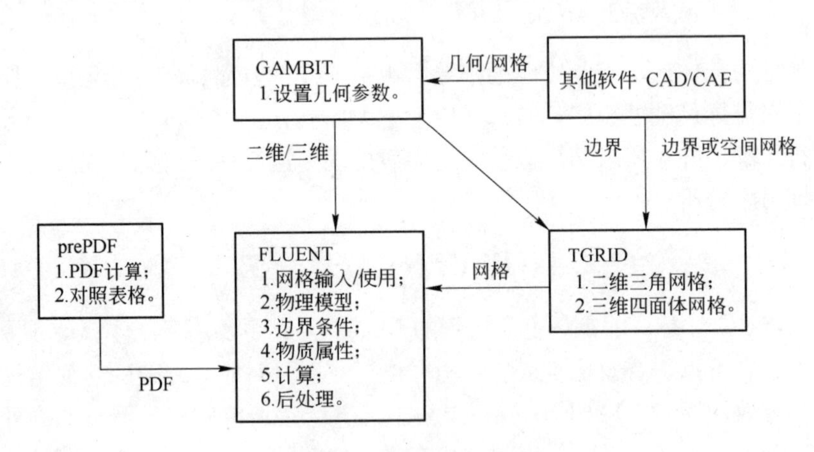

图 2.4　软件基本构造示意

2.4.3 FLUENT 软件求解领域

FLUENT 软件可以采用三角形、四边形、四面体、六面体及其混合网格，基本控制体形状如图 2.5 所示。同时 FLUENT 软件可以计算二维和三维流动问题，在计算过程中，网格可以自适应调整。FLUENT 可以计算的流动类型包括：

（1）任意复杂外形的二维/三维流动。

（2）可压、不可压流。

（3）定常、非定常流。

（4）无黏流、层流和湍流。

（5）牛顿、非牛顿流体流动。

（6）对流传热，包括自然对流和强迫对流。

（7）热传导和对流传热相耦合的传热计算。

（8）辐射传热计算。

(9) 惯性(静止)坐标、非惯性(旋转)坐标下中的流场计算。

(10) 多层次移动参考系问题，包括动网格界面和计算动子/静子相互干扰问题的混合面等问题。

(11) 化学组元混合与反应计算，包括燃烧模型和表面凝结反应模型。

(12) 源项体积任意变化的计算，源项类型包括热源、质量源、动量源、湍流源和化学组分源项等形式。

(13) 颗粒、水滴和气泡等弥散相的轨迹计算，包括弥散相与连续项相耦合的计算。

(14) 多孔介质流动计算。

(15) 用一维模型计算风扇和换热器的性能。

(16) 两相流，包括带空穴流动计算。

(17) 复杂表面问题中带自由面流动的计算。

简而言之，FLUENT 适用于各种复杂外形的可压和不可压流动计算。

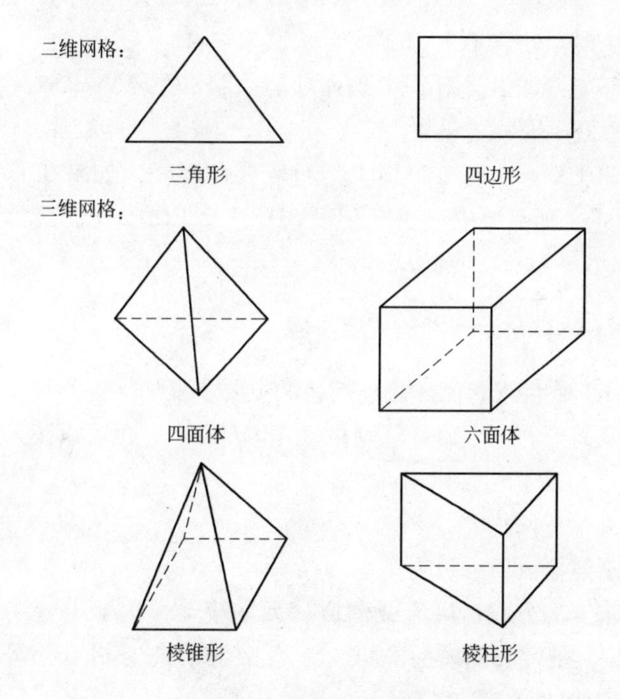

图 2.5 网格单元类型

2.4.4 FLUENT 软件对计算机的要求

硬件要求：

(1) CPU：采用 Intel 的奔腾系列或 AMD 的 Athlon 系列 CPU。

(2) 显示卡：分辨率为 1024×768（或更高），颜色最低要求 256 色，推荐使用 16 位（或 24 位）真彩色。

(3) 内存：最低 128M 内存，推荐使用 512M 以上的内存。

(4) 鼠标：推荐使用三键鼠标，FLUENT 中有些操作需要鼠标中键。

(5) 光驱：最低需要 CD-ROM，FLUENT 需要光盘安装。

(6) 网卡：需要安装以太网卡，FLUENT 需要网络验证。

(7) 硬盘：FLUENT 需要 400M，GAMBIT 需要 55M，EXCEED 需要 105M，TECPLOT 需要 30M，一共需要 590M 硬盘空间。如果需要使用用户定义函数（UDF）编译功能，还需要安装微软的 Visual C + +，至少需要 200M 硬盘空间，再加上为计算项目预留空间，所以推荐在硬盘上预留 5G 以上的硬盘空间用于 FLUENT 计算。

软件要求：

(1) 操作系统：UNIX、LINUX、WINDOWS 2000/XP 等。

(2) 网络协议：安装 TCP/IP 协议。

(3) 编译环境：如果使用 UDF 编译功能，需要安装 Visual C + +标准版，最低要求是采用“最小安装”设置。

(4) EXCEED X server：GAMBIT 运行需要此环境，如果在 GAMBIT 中使用 OpenGL 图形模式，则需要安装 EXCEED 3D。EXCEED 3D 需要单独从 EXCEED 开发商 Hummingbird 软件公司购买。

2.4.5 FLUENT 软件求解问题的主要步骤

利用 FLUENT 软件求解流体流动问题的主要步骤如下：

(1) 确定几何形状，生成计算网格（用 GAMBIT，也可以读入其他指定程序生成的网格）。

(2) 输入并检查网格。

(3) 选择求解器（2D 或 3D 等）。

(4) 选择求解的方程；层流或湍流、无黏流动、化学组分或化学反应、传热模型等。确定其他需要的模型，如风扇、热交换器、多孔介质等模型。

(5) 确定流体的材料物性。

(6) 确定边界类型及其边界条件。

(7) 条件计算控制参数。

(8) 流场初始化。

(9) 求解计算。

(10) 保存结果，进行后处理等。

2.4.6 FLUENT 用户图形界面

FLUENT 同时采用了图形用户界面和文字用户界面两种界面形式进行操作，图 2.6 ~ 图 2.10 为几个主要软件界面示意图。

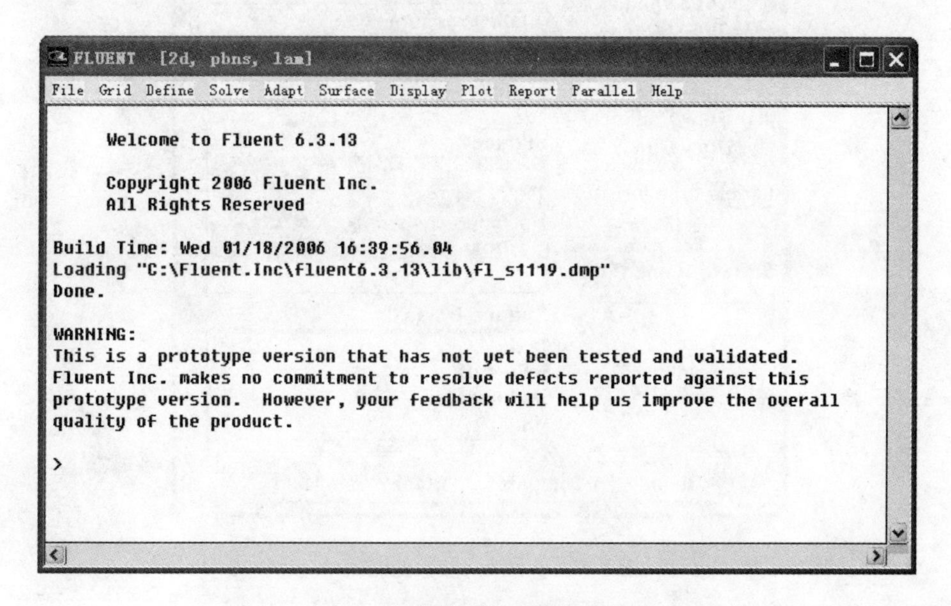

图 2.6 FLUENT 主控菜单窗口

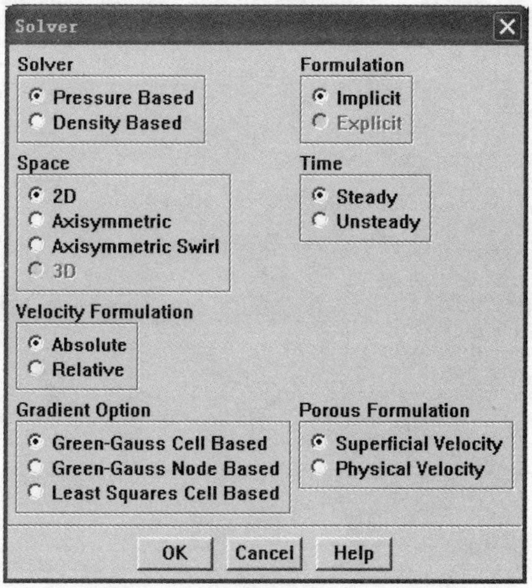

图 2.7 FLUENT 求解器设置菜单

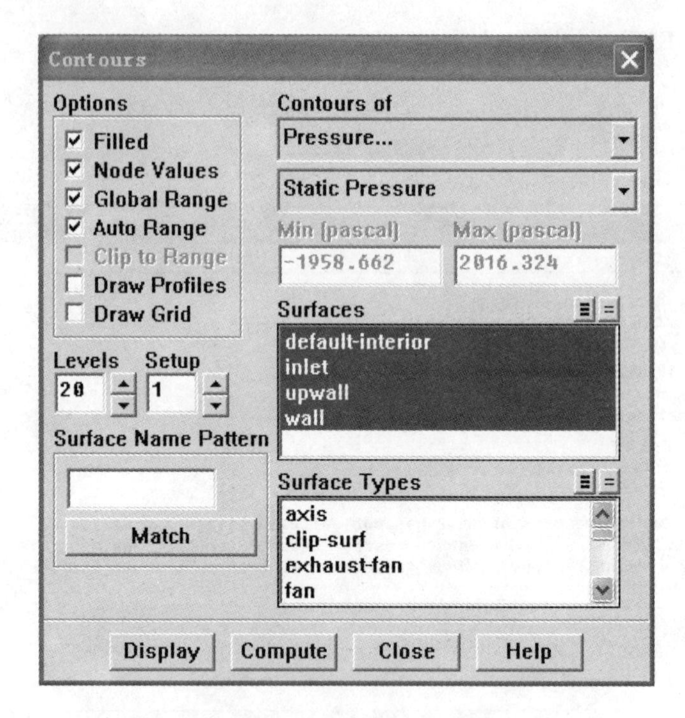

图 2.8 显示结果参数控制菜单

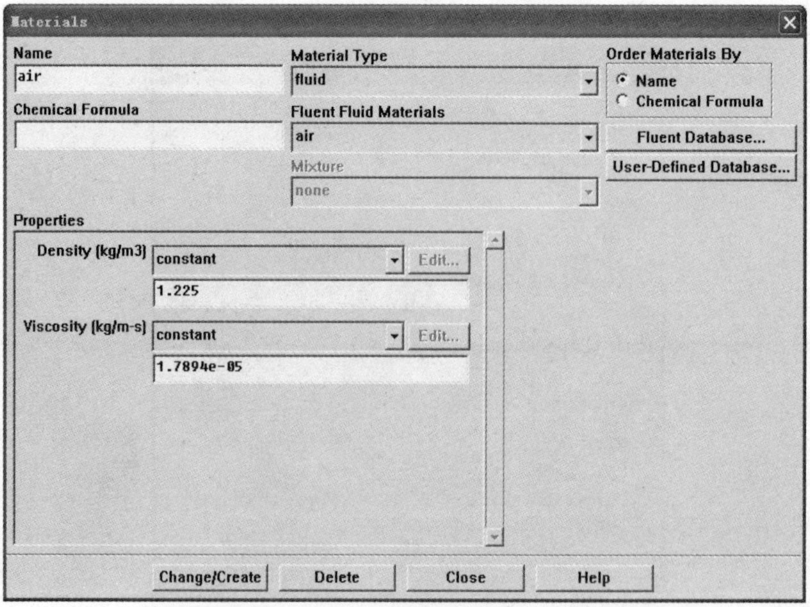

图 2.9 FLUENT 材料属性设置菜单

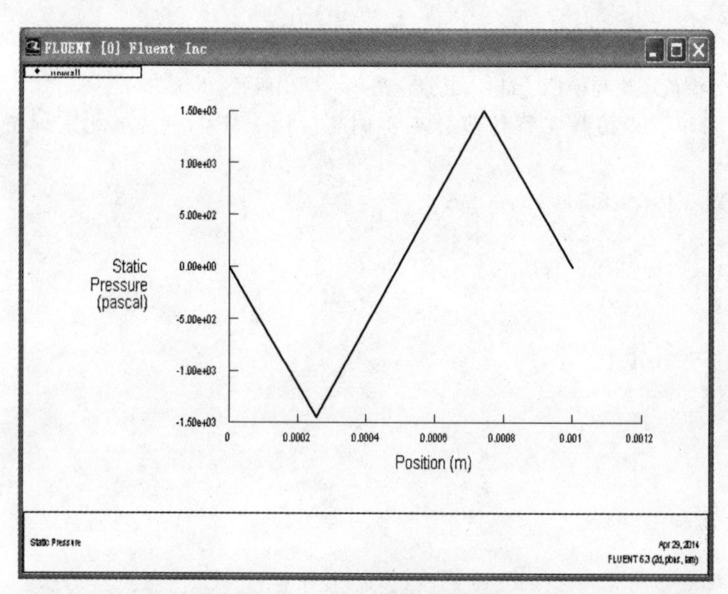

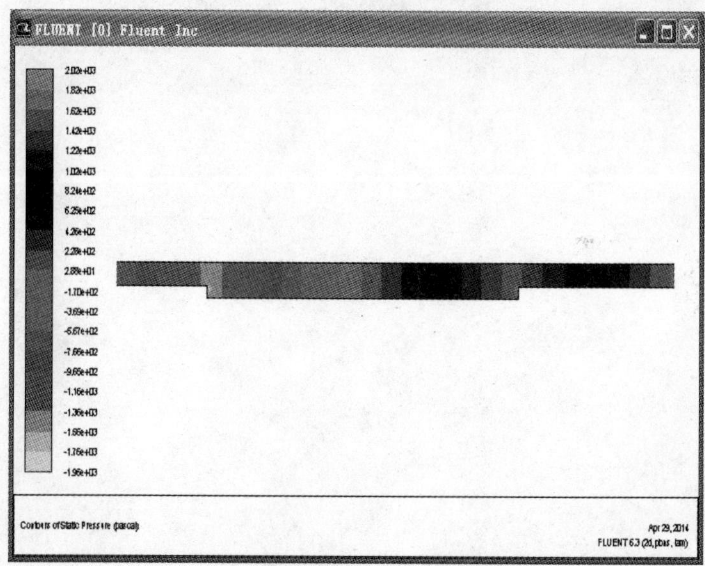

图 2.10　FLUENT 后处理结果显示

参 考 文 献

[1] Wesseling P. Principles of computational fluid dynamics [M]. Berlin, Heideberg: Springer-Verlag, 2001.

[2] 张也影. 流体力学 [M]. 2 版. 北京：高等教育出版社，1999.

[3] John D. Anderson. 计算流体力学基础及应用 [M]. 吴颂平译. 北京：机械工业出版

社，2007.
[4] 林建忠. 湍动力学［M］. 杭州：浙江大学出版社. 2000.
[5] 张兆顺. 湍流理论与模拟［M］. 北京：清华大学出版社. 2006.
[6] 韩占忠. FLUENT 流体工程仿真计算实例与应用［M］. 北京：北京理工大学出版社，2004.
[7] FLUENT6. 3 User's Guide. Fluent Inc.

3 织构化表面动压润滑计算模型

3.1 引　言

表面织构作为一种提高材料表面摩擦学性能的方法备受业内学者关注，深入分析表面织构对摩擦学的作用机制势在必行，在流体润滑状态下，织构化表面的润滑计算大多采用求解雷诺方程的传统方法，且通常情况下能得到一个精确的解[1~5]。然而当考虑流体的惯性项影响时，基于雷诺方程的理论分析将与实验结果产生较大的误差，近些年已有学者研究了雷诺方程的适用范围且提出了新的表面织构润滑计算方法——基于求解 N-S 方程的计算流体动力学方法(CFD)[6~9]。

因此，为使流体润滑下表面织构的润滑计算更加准确及获得切合实际的计算结果，以研究表面织构的润滑减摩性能，本章将主要探讨基于 N-S 方程的计算流体动力学在织构化表面润滑计算中的基本理论、方程无量纲处理及润滑计算模型。

3.2 CFD 简介

CFD 是计算流体动力学（computational fluid dynamics）的简称，其含义是通过计算机数值计算和图形显示，对包含流体流动和热传导等相关物理现象的系统所做的分析[7]。CFD 可以看成是在流动基本方程（质量守恒方程、动量守恒方程、能量守恒方程）控制下对流动的数值模拟，通过这种数值模拟，我们可以得到极其复杂问题的流场内各个位置上的基本物理量（如速度、压力、温度、浓度等）的分布，以及这些物理量随时间的变化情况，确定旋涡分布的特性、空化特性及脱流区等[10]。还可据此算出相关的其他物理量，如旋转式流体机械的转矩、水力损失和效率等，此外，与 CAD 联合，还可以进行结构优化设计等。

目前，对流体力学问题进行分析时，主要有三种方法：传统的理论分析方法、实验测量方法及计算流体动力学（CFD)，图 3.1 给出了表征三者之间关系的流体力学示意图[10]。CFD 虽然可以克服传统方法的局限性，但其有自身的缺点，其与传统的理论分析、实验观测相互联系、相互促进，不能完全代替，三者有各自的适用场合。

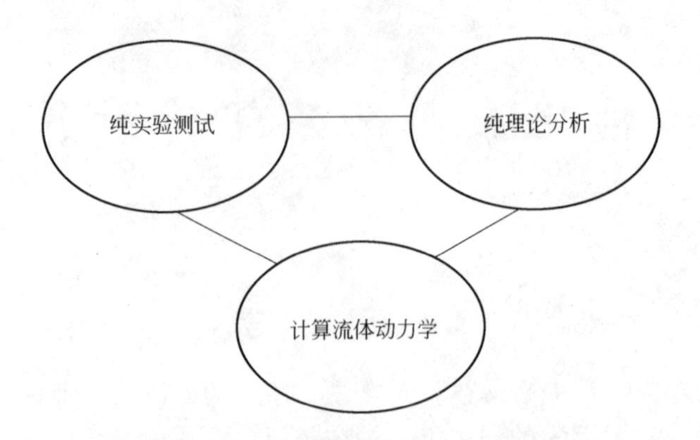

图 3.1 研究流体力学的三种分析法

3.3 CFD 基本理论

CFD 不论具备什么形式，都是建立在流体力学基本控制方程的基础之上，即连续性方程、动量方程、能量方程。自然界任何流动必须遵守三大基本物理学原理，这些方程即为这些原理的数学描述：

(1) 质量守恒定律。

(2) 牛顿第二定律（力 = 质量 × 加速度）。

(3) 能量守恒定律。

由于流体润滑状态下，对织构化表面润滑机理进行研究时，大多基于润滑剂为牛顿流体，且为等温情况，因此，基于动量方程建立的针对黏性牛顿流体运动的 N-S 方程其张量形式表达如下：

$$\rho \frac{\mathrm{D}u_i}{\mathrm{D}t} = -\frac{\partial p}{\partial x_i} + \rho G_i + \frac{\partial}{\partial x_j}\left(2\eta e_{ij} - \frac{2}{3}(\nabla \cdot u_i)\delta_{ij}\right) \tag{3.1}$$

方程 3.1 左端通常被称为物质导数或迁移导数，用来描述流体微团在固定坐标系下的运动，既是位置的函数，又是时间的函数，其在物理上表示运动的流体微团的时间变化率。方程 3.1 左端在本研究中表示流体微团的运动速度随时间和空间位置的变化，反映了流体流动的惯性，被称为对流项。方程 3.1 左端物质导数其展开形式如下：

$$\frac{\mathrm{D}u_i}{\mathrm{D}t} = -\frac{\partial u_i}{\partial t} + u_j \frac{\partial u_i}{\partial x_j} \tag{3.2}$$

方程 3.2 右端第一项表示流体微团运动速度随时间的变化，第二项表示流体微团随空间位置的变化。

运动着的流体微团主要受到体积力和表面力的作用，上述 N-S 方程中，右端第一项表示由表面力引起的压力梯度，第二项表示体积力，即流体的重力，第三项表示流体的黏性作用。

由于方程 3.1 在对应的三个坐标方向上展开可得到三个方向上的动量方程，其未知量为流体速度 u_i 以及流体压力 p，即对应的三个方程中有四个未知量，因此必须增加一个方程以保证方程组能够进行求解，本文采用基于质量守恒定律的连续性方程，其表达式如下：

$$\frac{\partial \rho}{\partial t} + \frac{\partial}{\partial x_i}(\rho u_i) = 0 \tag{3.3}$$

式中 ρ——流体密度；

u——流体运动速度。

此方程又名质量守恒方程，其物理含义表示通过控制面流出控制体的净质量流量等于控制体内质量减少的时间变化率。

雷诺数 Re 是一个重要的无量纲参数，它是联系 N-S 方程各项之间的一个重要桥梁。通过雷诺数 Re 可以更加明确地理解 N-S 方程各项之间的相互关系，进而揭示流体流动的重要特性。雷诺数 Re 表达式如下：

$$Re = \frac{Lu}{\eta} \tag{3.4}$$

式中 L——摩擦副特征长度；

u——流体运动的特征速度；

η——流体的运动黏度。

这一关系式表示 N-S 方程 3.1 中左端的对流项与流体黏性的比值，是衡量流体惯性与黏性之间的一个重要指标。如果流体惯性项占主导地位，流体间的黏性效应相对较弱，促使流体向湍流发展；如果流体的黏性项占主导地位，惯性效应较弱，则流体间的剪切应力增强，使流体容易形成层流状。

由于流体在黏性流动中，N-S 方程存在很强的非线性特性，使其很难获得精确的解析解，因此，通常情况下，针对特定的研究结果，可忽略次要的因素，对方程进行一定量的简化。例如，当流体流动中惯性效应对流体影响较小，其对整体研究的计算结果影响不大时，可以省去惯性项，这种简化后的方程又称为斯托克斯方程。

本研究中，在对一定的工况条件进行假设简化之外，采用全 N-S 方程建立流体流动模型。由于无量纲化处理有利于数值模拟的进行、变量参数的表征以及计算结果的显示，本书将在建立数学模型的基础上对模型进行无量纲处理，具体步骤及本书 CFD 模型的建立将在下节进行详细分析。

3.4 CFD 模型及无量纲化处理

本书主要针对流体润滑状态下表面织构的润滑进行计算，以期获得织构化表面的摩擦学性能。为顺利进行数值模拟计算，结合实际情况，忽略一些次要因素，对模型进行了一定量的简化。主要假设如下：

（1）不计体积力的影响，如流体重力；

（2）流体黏度 η 为常值；

（3）流体为不可压缩流体；

（4）流体流动为定常流动；

（5）流体沿 z 平面对称分布，即考虑二维情况。

根据以上假设，流体润滑状态下，基于 N-S 方程的织构化表面润滑计算模型沿 x、y 方向的展开式如下。

动量方程：

x 方向
$$\rho\left(u\frac{\partial u}{\partial x}+v\frac{\partial u}{\partial y}\right)=-\frac{\partial p}{\partial x}+\eta\left(\frac{\partial^2 u}{\partial x^2}+\frac{\partial^2 u}{\partial y^2}\right) \tag{3.5}$$

y 方向
$$\rho\left(u\frac{\partial v}{\partial x}+v\frac{\partial v}{\partial y}\right)=-\frac{\partial p}{\partial y}+\eta\left(\frac{\partial^2 v}{\partial x^2}+\frac{\partial^2 v}{\partial y^2}\right) \tag{3.6}$$

连续性方程：

$$\frac{\partial u}{\partial x}+\frac{\partial v}{\partial y}=0 \tag{3.7}$$

联合方程 3.5、方程 3.6、方程 3.7，即为本研究织构化面的润滑计算模型，属于 CFD 模型。如前文所述，无量纲化处理有其自身的优点，因此为得到上述方程的无量纲形式，定义以下特征参数：

（1）L_x 表示沿 x 方向的特征长度，m；

（2）L_y 表示沿 y 方向的特征长度，m；

（3）u_0 表示沿 x 方向的特征速度，m/s；

（4）v_0 表示沿 y 方向的特征速度，m/s；

（5）ρ_0 表示流体的特征密度，$\mathrm{kg/m^3}$；

（6）η_0 表示流体的特征黏度，$\mathrm{N\cdot s/m^2}$；

（7）p_0 表示流体的特征压力，Pa。

上述参数中特征长度如图 3.2 所示，根据以上特征参数，定义如下无量纲参数：

$$\begin{cases} X=\dfrac{x}{L_x},\quad Y=\dfrac{y}{L_y} \\ U=\dfrac{u}{u_0},\quad V=\dfrac{L_x}{L_y}\dfrac{v}{u_0} \\ \hat{\rho}=\dfrac{\rho}{\rho_0},\quad \hat{\eta}=\dfrac{\eta}{\eta_0},\quad P=\dfrac{p}{p_0} \end{cases} \tag{3.8}$$

式中 x，y——坐标向量；

u，v——沿 x、y 方向的流体速度；

ρ——流体密度；

η——流体动力黏度；

p——流体压力。

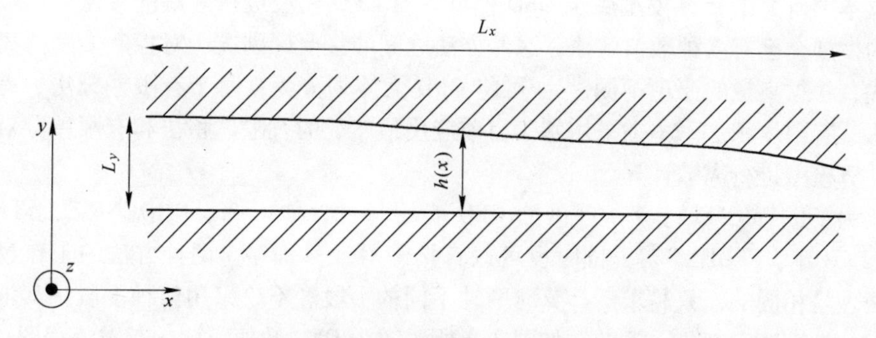

图 3.2 摩擦副两接触表面间隙

（L_x 代表沿 x 方向的长度；L_y 代表沿 y 方向的长度；h（x）代表流体膜厚）

把式 3.8 代入方程 3.5 中可得：

$$\frac{1}{L_x}u_0^2 U\frac{\partial U}{\partial X}+\frac{1}{L_x}u_0^2 V\frac{\partial U}{\partial Y}=-\frac{1}{L_x}\frac{p_0}{\rho_0}\frac{\partial P}{\partial X}\frac{1}{\hat{\rho}}+\frac{\eta_0}{\rho_0}\left(\frac{u_0}{L_x^2}\frac{\partial^2 U}{\partial X^2}+\frac{u_0}{L_y^2}\frac{\partial^2 U}{\partial Y^2}\right)\frac{\hat{\eta}}{\hat{\rho}} \tag{3.9}$$

为了对式 3.9 进行进一步简化，两边同时乘以 L_x/u_0^2 可得：

$$U\frac{\partial U}{\partial X}+V\frac{\partial U}{\partial Y}=-\frac{p_0}{\rho_0}\frac{1}{u_0^2}\frac{\partial P}{\partial X}\frac{1}{\hat{\rho}}+\frac{\eta_0 L_x}{\rho_0 u_0 L_y^2}\left\{\left(\frac{L_y}{L_x}\right)^2\frac{\partial^2 U}{\partial X^2}+\frac{\partial^2 U}{\partial Y^2}\right\}\frac{\hat{\eta}}{\hat{\rho}} \tag{3.10}$$

式 3.10 中，把 $\eta_0 L_x/(\rho_0 u_0 L_y^2)$ 称为修正雷诺数 $R\hat{e}$的倒数，再定义流体的特征压力 $p_0=\eta_0 u_0 L_x/L_y^2$，进一步简化式 3.10 可得沿 x 方向无量纲动量方程为：

$$U\frac{\partial U}{\partial X}+V\frac{\partial U}{\partial Y}=-\frac{1}{R\hat{e}}\frac{\partial P}{\partial X}\frac{1}{\hat{\rho}}+\frac{1}{R\hat{e}}\left\{\left(\frac{L_y}{L_x}\right)^2\frac{\partial^2 U}{\partial X^2}+\frac{\partial^2 U}{\partial Y^2}\right\}\frac{\hat{\eta}}{\hat{\rho}} \tag{3.11}$$

同理，可求得沿 y 方向无量纲动量方程为：

$$U\frac{\partial V}{\partial X}+V\frac{\partial V}{\partial Y}=-\frac{1}{R\hat{e}}\left(\frac{L_x}{L_y}\right)^2\frac{\partial P}{\partial Y}\frac{1}{\hat{\rho}}+\frac{1}{R\hat{e}}\left\{\left(\frac{L_y}{L_x}\right)^2\frac{\partial^2 V}{\partial X^2}+\frac{\partial^2 V}{\partial Y^2}\right\}\frac{\hat{\eta}}{\hat{\rho}} \tag{3.12}$$

对于无量纲连续性方程，通过在 x 方向上选择相同的流体特征压力 $p_0=\eta_0 u_0 L_x/L_y^2$，用上述方法可以得到其无量纲表达式为：

$$\frac{\partial U}{\partial X}+\frac{\partial V}{\partial Y}=0 \tag{3.13}$$

联立式 3.11、式 3.12、式 3.13 即为本研究流体润滑状态下织构化表面的润滑计算模型的无量纲形式，虽然通过一定的假设对计算模型进行了一定量的简化，但仍难获得其解析解，因此必须通过数值方法对方程进行求解。

利用数值方法对润滑计算模型求解，主要是指通过某种方法把原本属于时间域和空间域里的物理量的场，如温度场、压力场等，用一系列有限个离散点上的变量值来代替，通过一定的准则建立关于这些离散点上场变量间关系的代数方程组，然后求解代数方程组获得所求变量值的近似值[11]。

本书研究的计算模型属于 CFD 模型，对 CFD 模型进行求解的数值方法经多年的发展，已有多种数值解法，这些方法之间的主要区别在于对控制方程的离散方式，根据离散的原理不同[10]，可将 CFD 大体划分为：基于有限差分法、有限元法、有限体积法。本书采用基于目前应用最广泛的有限体积法和有限差分对润滑计算模型进行离散计算。

为了进行 CFD 计算，可借助 CFD 商用软件，如 CFX、PHOENICS、STAR-CD、FIDIP、FLUENT 等，同时也可以直接编写计算程序。两种方法的工作过程及原理是相同的，只是求解计算时两种不同的手段。不论采用何种手段，其求解过程的计算流程都是一致的，如图 3.3 所示，为 CFD 数值求解的基本流程图。

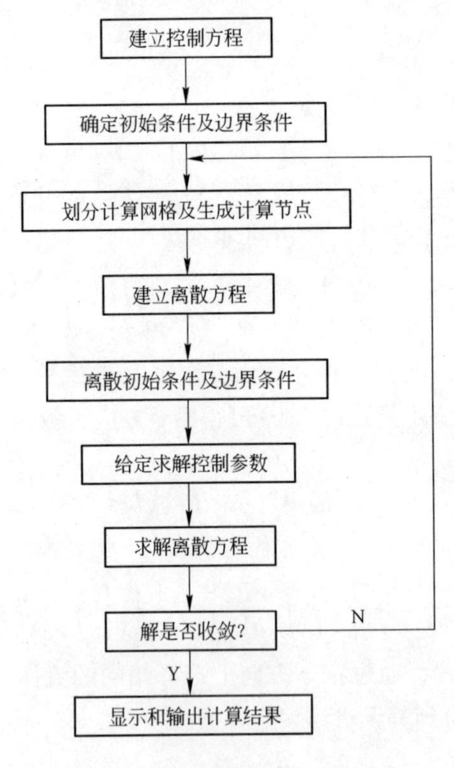

图 3.3　CFD 模型数值计算流程

参 考 文 献

[1] Kigerman Y, Etsion I, Shinkarenko A. Improving tribological performance of piston rings by partial surface texturing [J]. ASME J. Tribol., 2005, 127: 632 - 638.

[2] Sahlin F, Glavatskih S, Almqvist T, et al. Two-dimensional CFD-analysis of micro-patterned

surfaces in hydrodynamic lubrication [J]. Transactions of the ASME, 2005, 127: 96 - 102.
[3] Brizmer V, Klingerman Y, Etsion I. A laser surface textured parallel thrust bearing [J]. STLE Tribol. Trans., 2003, 46: 397 - 403.
[4] Buscaglia G, Ciuperca I, Jai M. The effect of periodic textures on the static characteristics of thrust bearings [J]. ASME J. Tribol., 2005, 127: 899 - 902.
[5] Ausas R, Ragot P, Leiva J, et al. The impact of the cavitation model in the analysis of microtextured lubricated journal bearings [J]. ASME J. Tribol., 2007, 129: 868 - 875.
[6] Shi X, Ni T. Effects of groove textures on fully lubricated sliding with cavitation [J]. Tribology International, 2011, 44: 20 - 22.
[7] Elrod H. A general theory for laminar lubrication with reynolds roughness [J]. ASME J. Lubr. Technol., 1979, 101: 8 - 14.
[8] Arghir M, Roucou N, Helene M, et al. Theoretical analysis of the incompressible laminar flow in a macro-roughness cell [J]. Journal of Tribology, 2003, 125: 309 - 318.
[9] Dobrica M, Fillon M. About the validity of reynolds equation and inertia effects in textured sliders of infinite width [J]. Engineering Tribology, 2009, 223: 69 - 78.
[10] 王福军. 计算流体动力学分析 [M]. 北京: 清华大学出版社, 2004.
[11] 陶文铨. 数值传热学 [M]. 2 版. 西安: 西安交通大学出版社, 2001.

4 计算模型及数值方法的有效性

4.1 引　言

前一章提到了流体润滑状态下，分析织构化表面摩擦学性能的计算流体动力学（CFD）方法，从第一章绪论部分可知，运用 CFD 模型模拟分析表面织构在流体润滑状态下的摩擦学性能已得到部分学者的认可，并得到相应的验证。由于基于 N-S 方程建立的流体润滑状态下 CFD 模型存在着很强的非线性关系，无法计算其解析解，因此必须通过一定的数值方法来获得其数值解[1~3]。

目前，主要基于有限体积、有限元、有限差分法离散 N-S 方程，离散成代数方程组之后，通过高斯迭代或其他办法对方程进行求解[4]，本书正是采用基于有限体积离散格式对 N-S 方程进行数值求解。不论基于何种方式的数值方法，都会产生误差，如果误差过大，则计算出的结果就毫无意义。

由于库埃特流动是最经典的黏性流动，可以通过一定方法获得其速度场的解析解，且所建物理模型酷似流体润滑下的织构化表面的流动模型，因此本章将采用 CFD 方法对库埃特流动进行数值模拟求解，再将所求数值解与其解析解进行对比。对比发现：所获速度场数值解其误差可控制在 0 ~0.5% 之间，在实际工程领域，属于可接受范围。同时也间接表明了本书采用的数值方法对流体润滑状态下表面织构 CFD 模型求解是可行的，为后续几章利用 CFD 模型模拟分析织构化表面的摩擦学性能奠定基础。

4.2　库埃特流动及其解析解

库埃特流动定义如下：设有两个相距为 D 的平行板面，上壁面以速度 u_e 运动，下壁面静止不动，速度 $u=0$，假设两平板之间的流动为黏性流动，在 xy 平面内，流动如图 4.1 所示，由此产生的速度剖面 $u=u(y)$。

上述库埃特流这种流动的控制方程可由式 3.1 给出 x 方向的动量方程：

$$\rho\frac{\mathrm{D}u}{\mathrm{D}t}=-\frac{\partial p}{\partial x}+\frac{\partial \tau_{xx}}{\partial x}+\frac{\partial \tau_{yx}}{\partial y}+\frac{\partial \tau_{zx}}{\partial z}+\rho f_x \tag{4.1}$$

对于库埃特流动，方程 4.1 还可以进行大量的简化。为此，考察图 4.1，注意到库埃特流动的模型在 x 轴的正负方向上都无限延伸，既然这种流动没有起点和终点，那么流场的变化必定与 x 无关，即所有的 $\partial/\partial x=0$，对于连续性方程 3.3，将

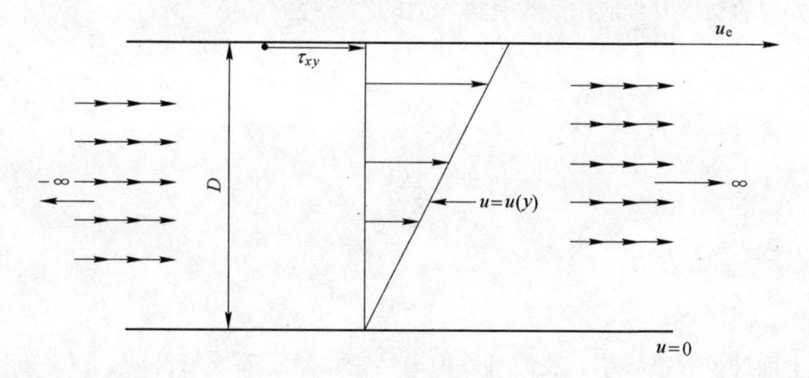

图4.1 库埃特流动

其应用于定常流动，可以得出：

$$\frac{\partial(\rho u)}{\partial x}+\frac{\partial(\rho v)}{\partial y}=0 \tag{4.2}$$

由于库埃特流动中$\partial(\rho u)/\partial x=0$，因此方程4.2可以简化成：

$$\frac{\partial(\rho v)}{\partial y}=\rho\frac{\partial v}{\partial y}+v\frac{\partial \rho}{\partial y}=0 \tag{4.3}$$

从图4.1可知，在下壁面即$y=0$处取值，有$v=0$，则方程4.3可以化为：

$$\left(\rho\frac{\partial v}{\partial y}\right)_{y=0}=0$$

或

$$\left(\frac{\partial v}{\partial y}\right)_{y=0}=0 \tag{4.4}$$

针对式4.4，我们可以在$y=0$处将v展开为泰勒级数，有：

$$v(y)=v(0)+\left(\frac{\partial v}{\partial y}\right)_{y=0}y+\left(\frac{\partial^2 v}{\partial y^2}\right)_{y=0}\frac{y^2}{2}+\cdots \tag{4.5}$$

在上壁面处取值，即$y=D$，式4.5可写为：

$$v(D)=v(0)+\left(\frac{\partial v}{\partial y}\right)_{y=0}D+\left(\frac{\partial^2 v}{\partial y^2}\right)_{y=0}\frac{D^2}{2}+\cdots \tag{4.6}$$

由于$v(D)=0$，$v(0)=0$，而且从方程4.4可知（$\partial v/\partial y)_{y=0}=0$，因此唯一合理的结果只能是对所有的$n$，有（$\partial^n v/\partial y^n)_{y=0}=0$，由此可知在整个流场中有：

$$v=0 \tag{4.7}$$

式4.7是对库埃特流动的物理特征的数学描述，通过此式可以说明，流场中任何一点的垂直速度分量都为零，同时也说明，库埃特流动的流线是平行的直线，这一结果在观察图4.1时凭直觉就可以想得到。最后将y方向的动量方程展开为：

$$\rho\frac{\mathrm{D}v}{\mathrm{D}t}=-\frac{\partial p}{\partial y}+\frac{\partial\tau_{xy}}{\partial x}+\frac{\partial\tau_{yy}}{\partial y}+\frac{\partial\tau_{zy}}{\partial z}+\rho f_y \tag{4.8}$$

把沿 y 方向的动量方程应用于没有体积力的库埃特流动中，有：

$$-\frac{\partial p}{\partial y}+\frac{\partial \tau_{yy}}{\partial y}=0 \tag{4.9}$$

由式 1.7 可得：

$$\tau_{yy}=\lambda\left(\frac{\partial u}{\partial x}+\frac{\partial v}{\partial y}\right)+2\mu\frac{\partial v}{\partial y}=0 \tag{4.10}$$

因此，方程 4.9 可以简化为：

$$\frac{\partial p}{\partial y}=0 \tag{4.11}$$

从上面的方程推导中，我们可以得出结论：对于库埃特流动，在 x 方向和 y 方向都没有压力梯度，即压力梯度为零。此时，再回顾 x 方向上的动量方程，对于无体积力的定常二维流动，可以得出：

$$\rho u\frac{\partial u}{\partial x}+\rho v\frac{\partial u}{\partial y}=-\frac{\partial p}{\partial x}+\frac{\partial \tau_{xx}}{\partial x}+\frac{\partial \tau_{yx}}{\partial y} \tag{4.12}$$

由方程 1.6 和 1.7 可知，对于库埃特流动有：

$$\tau_{xx}=\lambda\left(\frac{\partial u}{\partial x}+\frac{\partial v}{\partial y}\right)+2\mu\frac{\partial u}{\partial x}=0 \tag{4.13}$$

$$\tau_{yx}=\mu\left(\frac{\partial v}{\partial x}+\frac{\partial u}{\partial y}\right)=\mu\frac{\partial u}{\partial y} \tag{4.14}$$

将所推导出的式 4.13 和式 4.14 带入方程 4.12，得：

$$\frac{\partial}{\partial y}\left(\mu\frac{\partial u}{\partial y}\right)=0 \tag{4.15}$$

如果假设流动属于不可压缩流，在恒温条件下，则可知 $\mu=$ 常数。于是式 4.15 可进一步化为：

$$\frac{\partial^2 u}{\partial y^2}=0 \tag{4.16}$$

方程 4.16 就是在不可压、恒温条件下的库埃特流动的控制方程。

因此，可以通过求解方程 4.16 获得库埃特流动的速度场的解析解，对于类似于方程 4.16 类型的求解相对来说就比较简单，对 y 进行两次积分可以得到：

$$u=c_1y+c_2 \tag{4.17}$$

式中，c_1、c_2 是积分常数，它们具体的值由所求解的具体问题的边界条件确定。

在库埃特流动中，如图 4.1 所示，因为在下壁面 $y=0$ 处，$u=0$，此为所求库埃特流动的边界条件，把此边界条件代入方程 4.17 可推出 $c_2=0$。同理，在上壁面 $y=D$ 处，已知 $u=u_e$，于是代入方程 4.17 中，可以得到 $c_1=u_e/D$。最后将所求得 c_1、c_2 的值代回方程 4.17 可得：

$$\frac{u}{u_e}=\frac{y}{D} \tag{4.18}$$

方程 4.18 即为不可压库埃特流动的速度分布解析解，从中还发现，速度 u 紧随 y 变化，而且是线性变化，图 4.1 给出了这种线性的速度分布。下节将通过计算机数值求解的方法描述此种速度流动图。

4.3 库埃特流动数值解

本节将建立库埃特流动的 CFD 模型，利用基于有限体积的离散法对库埃特流动的计算流体动力学模型进行数值求解，将所求数值解与上节所求解析解进行对比，以确定本书求解表面织构润滑模型数值方法的准确性及有效性。

如图 4.1 所示，由于库埃特流动中，流体沿 x 方向两端无穷远处流动，为方便 CFD 建模与分析比较，取其中一个微小单元为分析对象，所建物理模型如图 4.2 所示。图中，分析对象单元长度为 $L=1\text{e}-03\text{m}$，上下两壁面间间隙为 $h=3\text{e}-05\text{m}$，上壁面以速度 $u=30\text{m/s}$ 沿 x 方向匀速滑动。另外，为了得到具体数据便于库特流动数值解与解析解进行对比，假设流体密度为 $\rho=1000\text{kg/m}^3$，其黏度为 $\eta=0.01\text{Pa}\cdot\text{s}$.

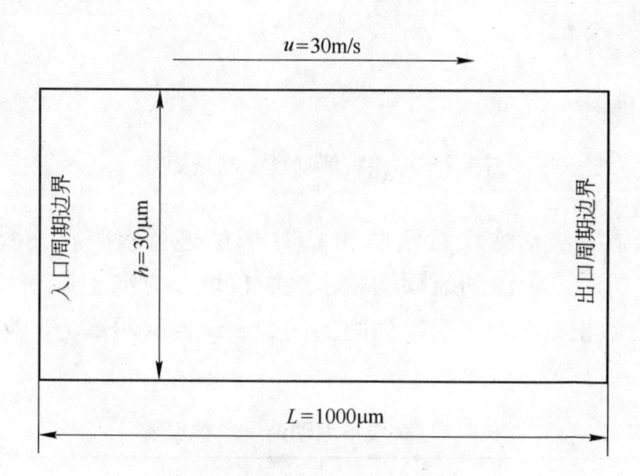

图 4.2 库埃特流动物理模型

对上述库埃特流动物理模型，可根据式 3.5、式 3.6、式 3.7 给出其数学计算模型如下：

$$\rho\left(u\frac{\partial u}{\partial x}+v\frac{\partial u}{\partial y}\right)=-\frac{\partial p}{\partial x}+\eta\left(\frac{\partial^2 u}{\partial x^2}+\frac{\partial^2 u}{\partial y^2}\right) \tag{4.19}$$

$$\rho\left(u\frac{\partial v}{\partial x}+v\frac{\partial v}{\partial y}\right)=-\frac{\partial p}{\partial y}+\eta\left(\frac{\partial^2 v}{\partial x^2}+\frac{\partial^2 v}{\partial y^2}\right) \tag{4.20}$$

$$\frac{\partial u}{\partial x}+\frac{\partial v}{\partial y}=0 \tag{4.21}$$

针对以上库埃特流动控制方程，其边界条件设定为：上壁面沿 x 方向匀速滑动，壁面无滑移，下壁面固定，入口和出口为周期边界，控制方程采用传统的有限体积法进行离散，动量项的离散采用二阶迎风格式，压力/速度耦合采用 COUPLED 方法，离散后的代数方程组采用迭代法进行求解。计算区域长度为 1e-03m 沿 x 方向，残差收敛判断设为 10^{-5}停止迭代，计算区域网格节点数为31031，其部分网格划分如图 4.3 所示，网格单元尺寸为 1μm×1μm.

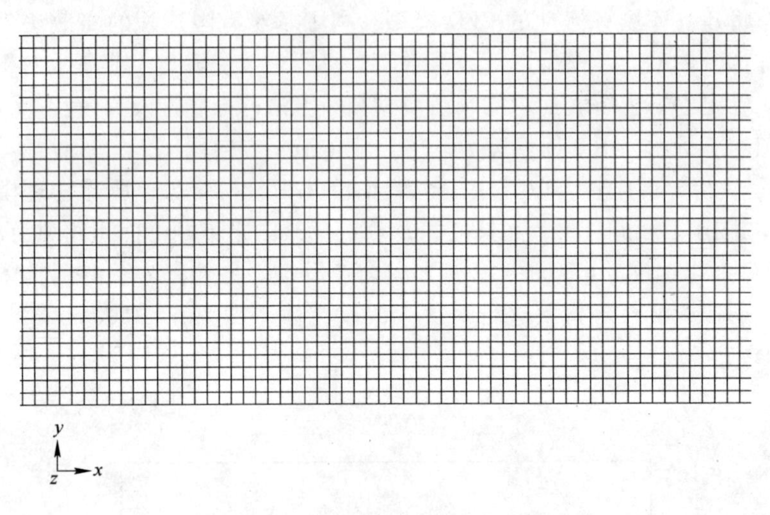

图 4.3　库埃特流动模型网格划分

根据以上数值方法对库埃特流动的 CFD 模型进行求解，其所求速度场的数值结果如表 4.1 所示，考虑到篇幅问题，表中仅取 x 方向上某一点沿 y 方向上的 30 个质点的速度数据，h 表示两壁面间的间隙，u 表示两壁面间隙间某一点的速度大小。

表 4.1　库埃特流动速度场数值解

$h(y)$/m	u/m·s^{-1}	$h(y)$/m	u/m·s^{-1}	$h(y)$/m	u/m·s^{-1}
1e-05	1.00001	1.1e-05	11	2.1e-05	21
9e-06	2.00001	1.2e-05	20	2.2e-05	22
8e-06	10	1.3e-05	13	3e-05	30
7e-06	4.00002	2e-05	14	2.4e-05	24.0001
6e-06	5.00002	1.5e-05	15	2.5e-05	25
5e-06	6.00003	1.6e-05	16	2.6e-05	26
4e-06	7.00003	1.7e-05	17	2.7e-05	27
3e-06	8.00003	1.8e-05	18	2.8e-05	28
1e-06	9.00004	1.9e-05	19	2.9e-05	29
2e-06	3.00001	1.4e-05	12	2.3e-05	23.0001

表4.1是本节所取两壁面间30个质点速度的数值结果，为得到其速度解析解，可通过上一节所求的库埃特流动速度解析解通用表达式4.18：

$$\frac{u}{u_e}=\frac{h(y)}{D}$$

获得，代入本节指定的库埃特流动的具体数据，得到两壁面间隙速度场具体的解析解表达式如下：

$$\frac{u}{30}=\frac{h(y)}{3\times10^{-6}}$$

或者

$$u=h(y)\cdot10^{6} \tag{4.22}$$

式中　u——两壁面间隙中流体质点的速度；

$h(y)$——沿y方向上下壁面的间距。

把表4.1中不同的$h(y)$值代入式4.22，便可得到相对应的质点速度的解析解，如表4.2所示。

表4.2　库埃特流动速度场解析解

$h(y)/\mathrm{m}$	$u/\mathrm{m\cdot s^{-1}}$	$h(y)/\mathrm{m}$	$u/\mathrm{m\cdot s^{-1}}$	$h(y)/\mathrm{m}$	$u/\mathrm{m\cdot s^{-1}}$
1e-05	1	1.1e-05	11	2.1e-05	21
9e-06	2	1.2e-05	20	2.2e-05	22
8e-06	10	1.3e-05	13	3e-05	30
7e-06	4	2e-05	14	2.4e-05	24
6e-06	5	1.5e-05	15	2.5e-05	25
5e-06	6	1.6e-05	16	2.6e-05	26
4e-06	7	1.7e-05	17	2.7e-05	27
3e-06	8	1.8e-05	18	2.8e-05	28
1e-06	9	1.9e-05	19	2.9e-05	29
2e-06	3	1.4e-05	12	2.3e-05	23

对比表4.1和表4.2中速度的数值解与解析解发现，两者之间的差别极小，在很多质点上的速度几乎一致，这一点从图4.4能够很形象地观察出来，说明本书采用的数值方法求解关于流体流动的CFD模型问题能够和理论分析有较好的一致性，能够用于其他类似的流体流动计算。

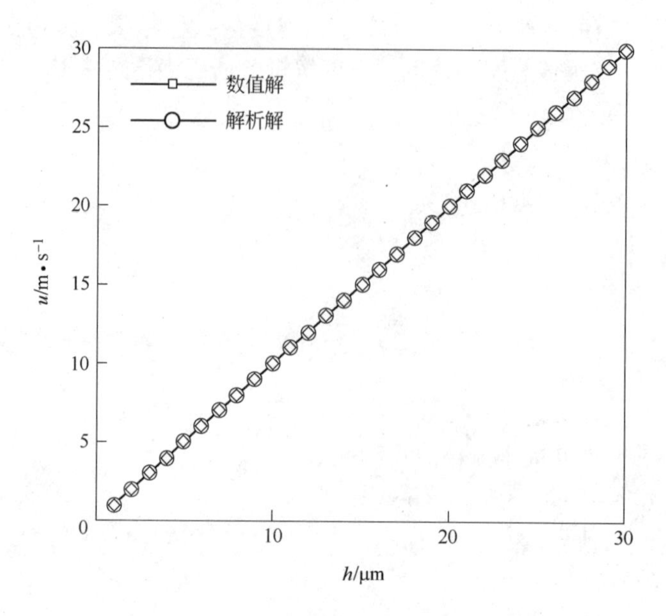

图 4.4 库埃特流动速度场数值解与解析解对比

图 4.5 所示为库埃特流动的速度云图及速度矢量图，由于流体流动主要靠流体之间的黏性作用带动，因此速度大小从上壁面的初始速度开始，按线性变化逐渐变小，这一规律可从图 4.5（a）中很清晰地观察出来。且由上节所求库埃特流动的解析解可知，这种变化是线性的，为了能更形象地描述流场中质点流速的这种特性，如图 4.5（b）所示库埃特流动速度场的矢量图，从图中可以很直观地看出流场中质点速度的变化是呈线性分布的。进一步说明了本书所采用的数值方法求解类似库埃特流动的 CFD 模型能与精确的解析解有较好的吻合。

本书研究的是流体润滑状态下，织构化表面的摩擦学性能，主要依据是牛顿的黏性内摩擦定律，因此建立正确的织构化表面流体流动的 CFD 模型是关键，采用有效的数值求解方法是正确分析织构化表面摩擦学性能的必要条件。

据此，本章建立类似织构化表面流动的库埃特流动 CFD 模型，采用基于有限体积离散的数值方法求解其 CFD 计算模型，由于库埃特流动是一个经典的黏性流动，可通过一定方法求得其速度场的解析解，因此将所得流动速度数值结果与其解析解进行了对比分析，分析表明：针对特定情况下的库埃特流动，其速度场数值结果与解析解相比，其误差可控制在 0.5% 以内。这一结论为后续章节织构化表面的摩擦学性能分析奠定了理论基础。

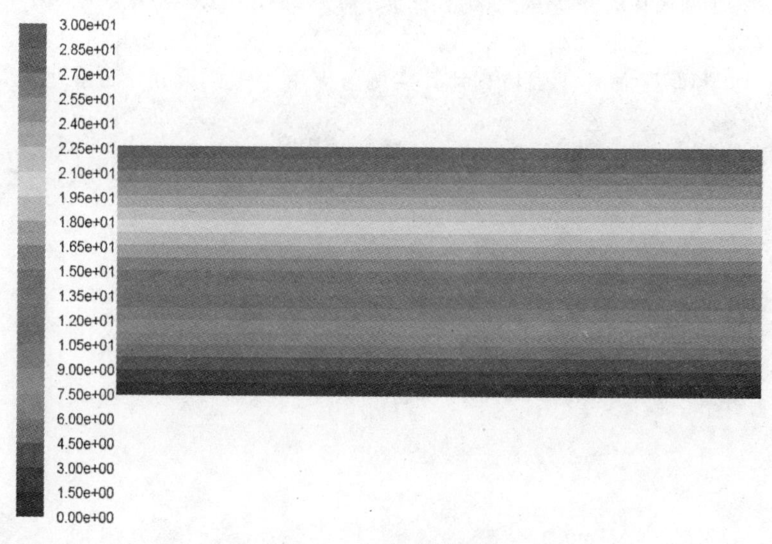

(a) 速度云图

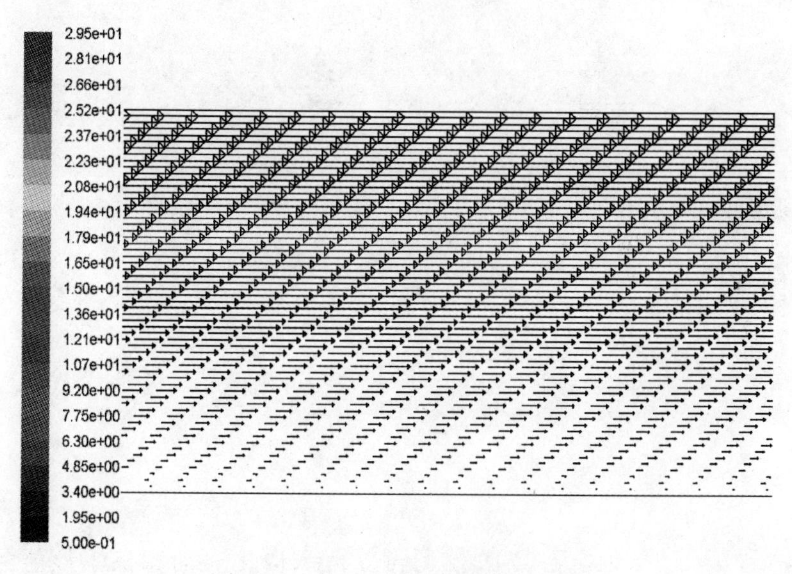

(b) 速度矢量图

图 4.5　库埃特流动的速度分布

参 考 文 献

[1] John D. Anderson. 计算流体力学基础及应用 [M]. 吴颂平译. 北京：机械工业出版社，2007.

[2] 王福军．计算流体动力学分析［M］．北京：清华大学出版社，2004.
[3] 陶文铨．数值传热学［M］．2版．西安：西安交通大学出版社，2001.
[4] 韩占忠．FLUENT 流体工程仿真计算实例与应用［M］．北京：北京理工大学出版社，2004.

5　不同雷诺数下非对称织构承载性能的CFD研究

5.1　引　言

前一章探讨了流体润滑状态下，常态织构化表面 CFD 模型及数值求解方法的有效性，本章将采用 CFD 方法具体研究表面织构对摩擦学性能的影响。

表面织构作为一种改善摩擦学性能的方法在工业领域已得到广泛应用，例如，推力轴承和径向轴承[1,2]、机械密封[3,4]、汽车发动机[5,6]、磁储存系统[7,8]、太阳能和二极管[9,10]等。随着现代实验手段和计算机数值模拟技术的迅速发展，使深入研究和分析表面织构的摩擦和润滑特性成为可能，特别是可以详细掌握单个表面织构的作用机理和准确预测其润滑性能，这对于优化设计表面织构模型具有一定的实际指导意义。

据第一章绪论部分可知，近些年来有不少学者对织构化表面的摩擦学性能进行了相关研究且取得了一定的成果。如 2010 年 Han 等[11]利用三维的 CFD 模型模拟了单个球冠形凹坑织构的摩擦特性，主要结论指出在动压润滑下存在一个最优的织构深度值，其无量纲大小在 0.8 ~2.0 之间。而 Chouquet 等[12]则实验研究了 DLC 涂层与表面织构耦合的摩擦学行为。2011 年 Vilhena 等[13]利用激光表面织构，主要分析织构的深度和操作环境对摩擦行为的影响，其主要结果指出，在一定的条件下，可获得 0.006 的低摩擦系数。其他如 Cho 等[14]利用 pin-on-disk 摩擦磨损试验机，研究了 5 种不同的织构密度参数，得到最优的织构密度为 0.1，以及 2012 年 Xiao 等[4]结合实验和数值模拟探讨了圆柱形凹坑织构对机械密封性能的影响。

如上所述，目前针对表面织构的研究大多基于简单的对称性织构，对于织构的非对称性研究鲜有文献报道[15,16]。为了进一步理解非对称织构润滑减摩机理，优化表面织构模型，本章在第二章基础上，采用基于 N-S 方程的计算流体动力学（CFD）模型模拟研究了流体润滑状态下非对称表面凹槽织构的动压承载性能，详细分析了非对称参数 H、雷诺数 Re 对油膜承载性能的影响。

5.2　非对称凹槽织构物理模型

本章主要研究往复条件下无限长织构化表面，取其中单个凹槽织构为研究对象，研究凹槽织构几何形状的非对称性对油膜承载性能的影响。图 5.1（a）为无限长织构化表面的三维示意图，由于相邻非对称凹槽织构之间的距离远大于凹槽的宽度，因此得到简化的单个非对称凹槽织构单元（如图 5.1（b）所示），即本书研究的二维几何模型。通过凹槽织构两侧边高度比值 $H = h_1/h_2$ 来衡量凹槽织构的非对称性；如当 $H = 1$ 即为传统对称性凹槽织构模型。图中凹槽表面固定、上壁面光滑且以速度 U 沿 x 方向匀速滑动，表面凹槽织构单元的长度 l_x 为 1e-03m，凹槽织构的宽度 d 为 4e-04m，固定不变。此外假设在滑移过程中润滑油的黏度和密度保持不变，其值分别为 0.01Pa·s 和 1000kg/m^3。润滑膜厚 $h(x)$ 为上下两平面间隙，给定最小膜厚的值 3e-05m 以及膜厚方程如下：

$$h(x)=\begin{cases}\max\{h(x)\}=h_{\text{out}}+h_2=h_{\text{inlet}}+h_1 & \dfrac{l_x-d}{2}<x<\dfrac{l_x+d}{2}\\ \min\{h(x)\}=h_{\text{out}} & x>\dfrac{l_x+d}{2},H=\dfrac{h_1}{h_2}\leqslant 1\\ \min\{h(x)\}=h_{\text{inlet}} & x<\dfrac{l_x-d}{2},H=\dfrac{h_1}{h_2}\geqslant 1\end{cases} \tag{5.1}$$

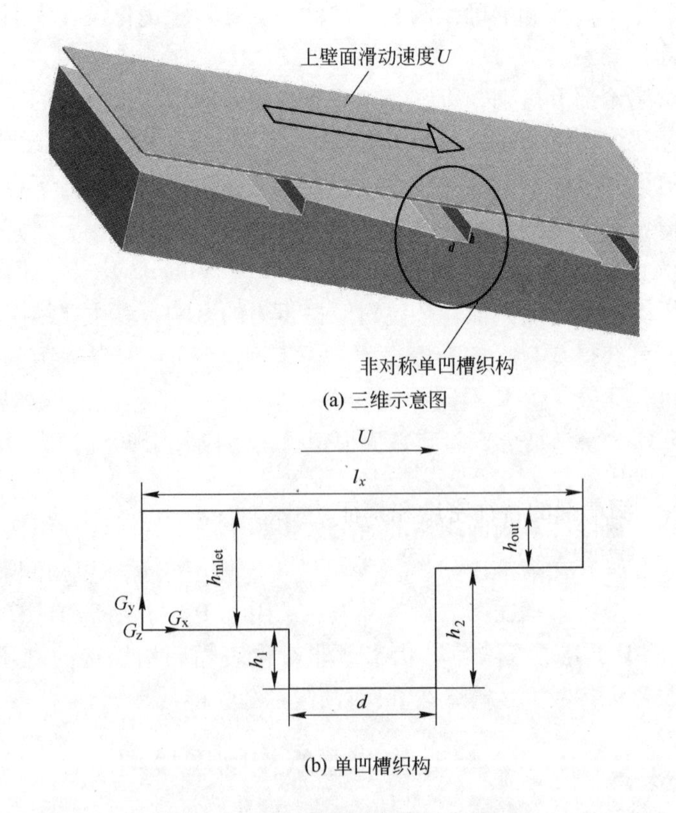

(a) 三维示意图

(b) 单凹槽织构

图 5.1 非对称凹槽织构几何模型

5.3 数值方法及边界条件

5.3.1 计算模型及几何参数定义

本章对流动区域的模拟计算是基于流体动力学基本方程（N-S 方程）进行的，假设润滑剂为不可压缩牛顿流体且忽略体积力的影响，润滑剂的黏度和密度为常值；另外再假设操作环境为等温且流动为层流和定常流动。根据上述假设，流体流动的非守恒型 N-S 方程和连续性方程如下。

连续性方程：

$$\frac{\partial u}{\partial x}+\frac{\partial v}{\partial y}=0 \tag{5.2}$$

动量方程：

x 方向
$$\bar{\rho}\left(u\frac{\partial u}{\partial x}+v\frac{\partial u}{\partial y}\right)=-\frac{\partial p}{\partial x}+\bar{\eta}\left(\frac{\partial^2 u}{\partial x^2}+\frac{\partial^2 u}{\partial y^2}\right) \tag{5.3}$$

y 方向
$$\bar{\rho}\left(u\frac{\partial v}{\partial x}+v\frac{\partial v}{\partial y}\right)=-\frac{\partial p}{\partial x}+\bar{\eta}\left(\frac{\partial^2 v}{\partial x^2}+\frac{\partial^2 v}{\partial y^2}\right) \tag{5.4}$$

式中 u，v——流体沿 x、y 方向的速度；
$\bar{\rho}$——流体的密度；
$\bar{\eta}$——流体的动力黏度；
p——压力。

为了便于结果显示和数据对比分析，定义以下无量纲参数：

$$\begin{cases}X=x/l_x, \quad Y=y/h \\ U=u/u_0, \quad V=v/v_0 \\ \rho=\bar{\rho}/\rho_0, \quad \eta=\bar{\eta}/\eta_0, \quad P=p/p_0\end{cases} \tag{5.5}$$

式中 x，y——坐标向量；
u_0，v_0——沿 x、y 方向的特征速度；
ρ_0，η_0——润滑剂的特征密度和特征动力黏度；
p_0——特征压力；
l_x——沿 x 方向的特征长度。

经量纲一化的 N-S 方程和连续性方程如下：

x 方向
$$U\frac{\partial U}{\partial X}+V\frac{\partial V}{\partial Y}=-\frac{1}{Re}\frac{\partial P}{\partial X}\frac{1}{\rho}+\frac{1}{Re}\left(\frac{\partial^2 U}{\partial X^2}+\frac{\partial^2 U}{\partial Y^2}\right)\frac{\eta}{\rho} \tag{5.6}$$

y 方向
$$U\frac{\partial V}{\partial X}+V\frac{\partial V}{\partial Y}=-\frac{1}{Re}\frac{\partial P}{\partial Y}\frac{1}{\rho}+\frac{1}{Re}\left(\frac{\partial^2 V}{\partial X^2}+\frac{\partial^2 V}{\partial Y^2}\right)\frac{\eta}{\rho} \tag{5.7}$$

量纲一化连续性方程：

$$\frac{\partial U}{\partial X}+\frac{\partial V}{\partial Y}=0 \tag{5.8}$$

5.3.2　计算域及边界条件

为了便于在合理的边界条件下数值模拟图 4.1 所示物理模型的压力场，建立如图 5.2 所示的单元计算区域。

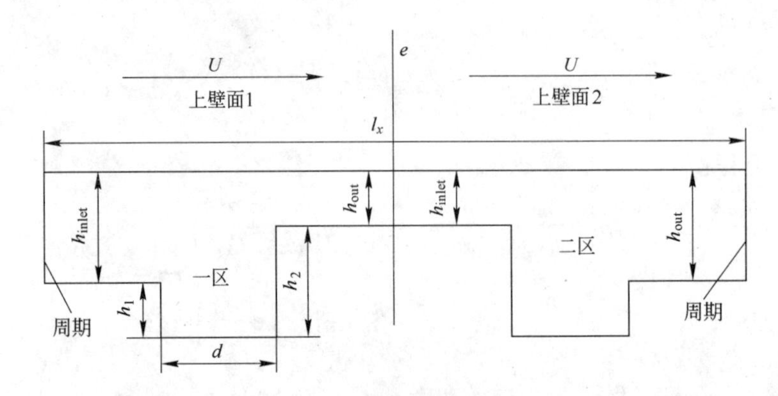

图 5.2　非对称凹槽织构的计算域及边界条件

图 5.2 中一区即为图 5.1 所示本书的研究模型，与二区关于直线 e 对称，把一区和二区看成一个整体的计算单元，从而可以很方便利用 CFD 模型模拟出整个流场的有关数据，由于本书研究的是如图 5.1 所示无限长表面织构中的单个凹槽织构的非对称性对油膜承载的影响，因此忽略二区对一区流场造成的影响。从如图 5.2 所示的几何模型中求出有关数据后，便可以提出有关一区的数据，近似作为本研究如图 5.1（b）所示的单个凹槽织构内部流场的数据，以判别凹槽织构非对称性对油膜承载的影响。

图 5.2 计算域边界条件为：上壁面沿 x 方向以速度 U 匀速滑动且壁面无滑移、下壁面固定，入口和出口设为周期边界。控制方程采用传统的有限体积法进行离散，动量项的离散采用二阶迎风格式，压力/速度耦合采用 SIMPLEC 方法，离散后的代数方程组采用高斯迭代法进行求解[15]。计算区域总长为 2e－03m 沿 x 方向，网格节点数为 94081 个，残差收敛判断设为 10^{-5} 停止迭代。

5.3.3　计算网格收敛分析

网格划分质量的好坏是 CFD 模拟的关键。为得到精确的数值解，本章对所划分网格进行了一定的独立性分析。由于网格划分的相似性，因此只针对 $H=0.2$ 时的物理模型进行了一定的网格独立性分析。选取 1200×50、2000×50 和

2000×40 三种类型网格密度对模型进行划分，并对其所产生的数值结果进行了对比。对比发现，网格密度为 1200×50 和 2000×50 计算出的油膜承载值相差仅为 0.0166%，网格密度为 2000×50 和 2000×40 计算出的油膜承载值相差为 1.03%（见表 5.1），因此可知所得数值结果对网格依赖性很低，并选取网格密度为 2000×50 的类型对本研究模型进行划分。

表 5.1　不同网格密度所产生的油膜承载大小　(N)

$H=0.2$ 入口厚度（50μm）	网格密度					
	1200×50	2000×50	偏差%	2000×50	2000×40	偏差%
$Re=20$	35.476	35.47	0.0016	35.47	35.2587	0.596
$Re=60$	230.008	229.97	0.0166	229.97	227.9882	0.86
$Re=160$	1442.247	1442.01	0.0016	1442.01	1427.105	1.03

5.4　非对称凹槽织构动压润滑性能分析

基于以上计算模型和初始边界条件，本书对雷诺数 Re 分别为 20、40、60、80、120、160，H 分别为 0.2、0.5、0.875、1、1.5、2、4 时，凹槽织构的非对称性对油膜动压承载性能的影响规律进行了数值模拟计算。

5.4.1　织构上壁面压力分布

图 5.3 所示为雷诺数 Re 分别为 20、60、120、160，织构非对称参数 H 不同时的上壁面压力分布曲线图。从图 5.3（a）、（b）、（c）、（d）均能看出，无织构表面上壁面的压力分布基本上没有任何变化，当引入织构时，上壁面的压力分布波动明显，因此织构的引入对流体流动能产生一定的影响，这一结论在文献［12,15,16］中也得到证实。

如图 5.3（a）所示，雷诺数 $Re=20$ 时，织构上壁面上的任一点压力值随 H 减小而增加。因此，不同 H 的表面织构产生的油膜承载大小关系如下：

$$H=0.2>H=0.5>H=0.875>H=1>H=1.5>H=2>H=4 \tag{5.9}$$

与无织构表面的上壁面压力分布曲线相比，很显然，$H=0.2$、0.5 时，织构表面产生的油膜承载要比无织构大，$H=1.5$、2、4 时，织构表面产生的油膜承载比无织构小。而 $H=0.875$、1 时，上壁面的压力分布和传统的对称性织构分布类似[11,15]，虽然压力分布曲线上有一部分压力值小于无织构表面的压力分布值，但整条压力曲线上大部分压力分布值都大于无织构表面的压力分布值，因此产生的油膜承载要大于无织构表面产生的油膜承载量。无织构表面和不同 H 的表面织构产生的油膜承载大小关系如下：

$$H=0.2>H=0.5>H=0.875>H=1>\text{无织构表面}>H=1.5>H=2>H=4 \tag{5.10}$$

随雷诺数 Re 的增加，对比图 5.3（a）、（b）、（c）、（d），不同 H 的上壁面压力分布曲线越来越靠近，且相对无织构表面，每条压力曲线逐步发展为一部分压力值大于无织构表面的上壁面压力分布值，另一部分小于其压力值。导致不同 H 的上壁面压力分布的平均值越来越接近无织构表面的上壁面压力分布均值。以上分析说明，随雷诺数的增加，H 对油膜承载量的影响逐渐减小。

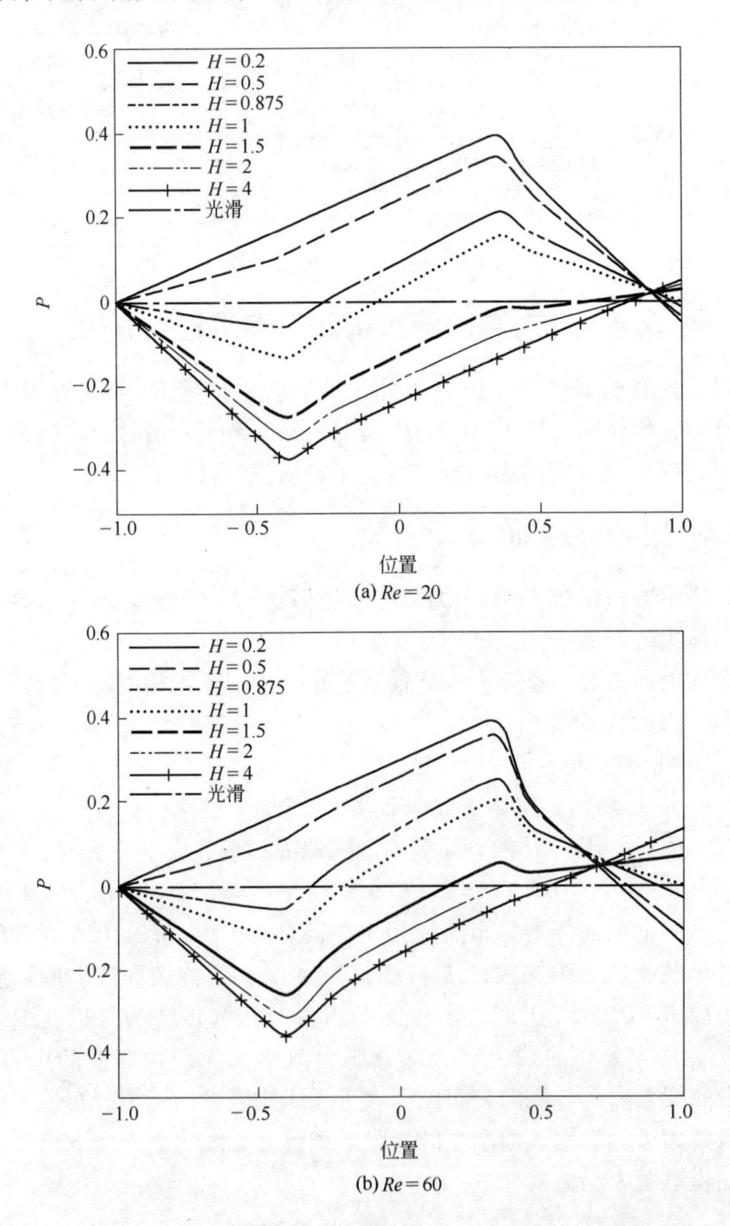

(a) $Re=20$

(b) $Re=60$

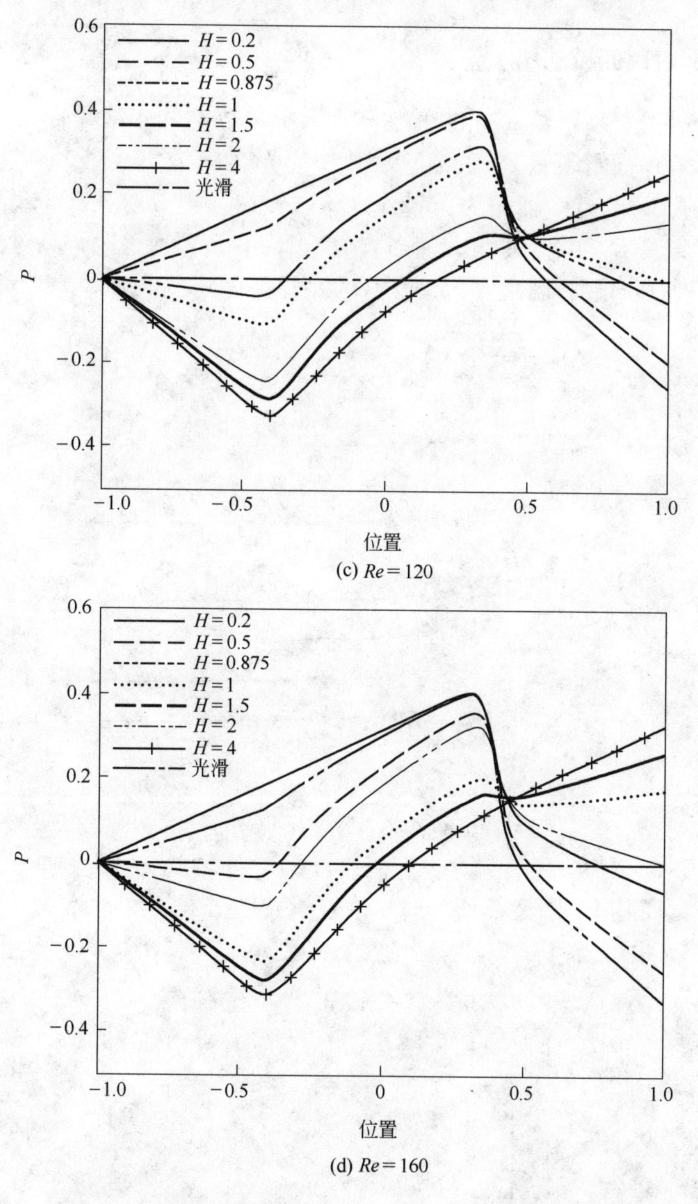

(c) $Re=120$

(d) $Re=160$

图5.3　不同非对称参数 H 下，凹槽织构上壁面压力分布

综上分析，在较低雷诺数 Re 时，合适的非对称参数 H 下，可以增加油膜承载改善动压润滑，随雷诺数 Re 的增大，H 对油膜承载的影响减弱。其主要原因是，H 越小说明入口的膜厚相对出口膜厚越大（如图 5.1（b）），就类似于在上下两表面形成一个收敛间隙，从而可以产生一个额外的法向压力，增加承载[17]。而当雷诺数 Re 增加时，流体流动的惯性项渐渐起主要作用，由此引起的流体动压力远大于收敛间隙产生的动压力。

5.4.2 织构表面油膜动压承载

以下定性分析雷诺数 Re 和凹槽织构非对称参数 H 的变化对油膜承载的影响。图 5.4 所示为不同雷诺数 Re 下油膜承载作为 H 的函数。从图 5.4 中可以看出，油膜承载力随 H 的减小而增大，另外也可以看出，当 H 在［0.2,2］之间取值时，油膜承载受 H 的影响很大，而当 H 在［2,4］范围取值时，其对油膜承载造成的影响较为不明显，因此 $H<2$ 应当作为表面织构设计的一个重要参数。

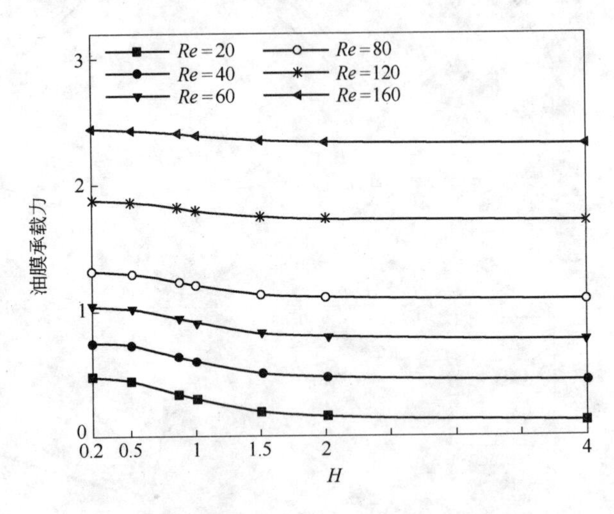

图 5.4 油膜承载随非对称参数 H 的变化曲线

另外，当雷诺数 Re 逐步增大时，油膜承载随 H 的减小而增大的幅度逐渐减弱，从图 5.5 中可以很直观地看出，在雷诺数 $Re=20$，H 从 4 下降到 0.2 时，油

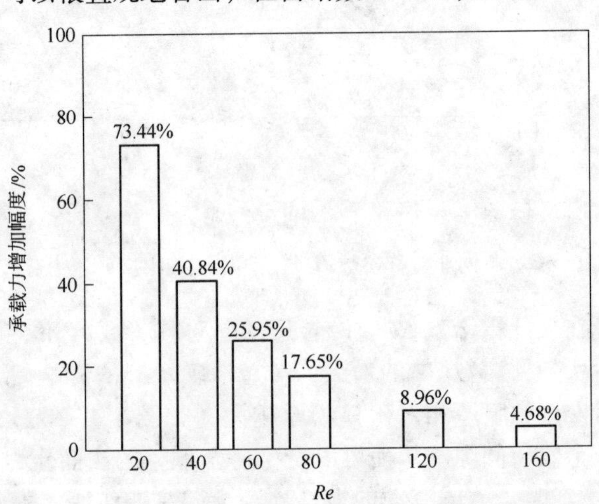

图 5.5 不同雷诺数 Re 下，非对称参数 H 从 4 减少到 0.2 时油膜承载的增加幅度

膜承载增加了73.44%，而在雷诺数 $Re=160$ 时，油膜承载仅增加了4.68%。从而可定性说明，当雷诺数 Re 增加到一定值时，非对称参数 H 对油膜承载影响不大。

图5.6所示为雷诺数 $Re=20$、160时，不同 H 的表面织构和无织构表面的油膜承载大小。从图5.6（a）中可知，在相对较小的雷诺数 $Re=20$ 下，合适的非对称表面织构能够起到增加油膜承载、改善动压润滑的效果；但在增加雷诺数 Re 到较大值时，如图5.6（b）中雷诺数 $Re=160$，油膜承载相对图5.6（a）中的油膜承载增大了大约5倍，但不同 H 的织构表面和无织构表面产生的油膜承载大小相差不大，说明此时油膜的承载大小主要是受到雷诺数的影响，至于织构的非对称性以及何种织构形式对油膜承载的影响不大。

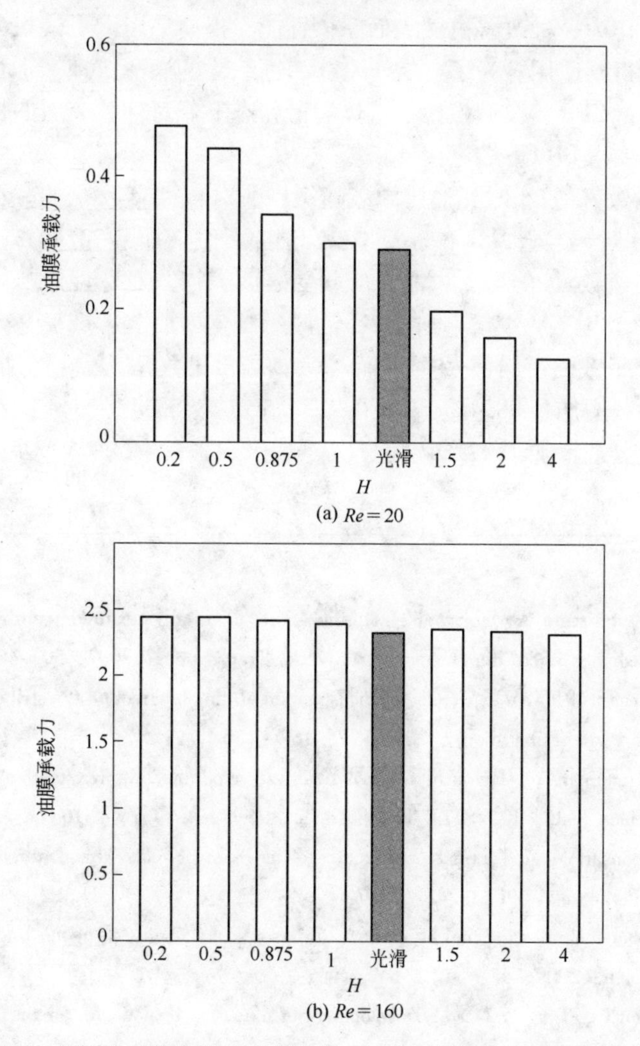

图5.6 不同非对称参数 H 的织构化表面和无织构化表面的油膜承载

基于以上分析，影响油膜承载主要有三种作用机理：流体流动、楔形效应、织构作用。当非对称参数 H 在 2 ~4 范围取值时，流体流动占主导作用，因此 H 对油膜承载影响不明显。当 H 逐渐下降到一定值时，如 $H=2$，此时油膜承载主要由织构作用决定。当 H 进一步减小，由织构作用决定油膜承载开始转变为楔形效应决定油膜承载大小。如 $H<1$ 时，此时主要由楔形效应决定油膜承载。而楔形效应及织构作用对油膜承载的影响程度主要由非对称参数 H 决定，因此 H 在 0 ~ 2 范围取值时，其对油膜承载影响明显。

另外，当雷诺数 Re 增加时，油膜承载随非对称参数 H 的减小而增大的幅度逐渐减弱，其主要原因如前所述，随着雷诺数 Re 的增加，流体流动的惯性项逐渐起主导作用，从而直接导致油膜承载的增大。

表面织构作为一种改善机械表面摩擦性能、提高动压润滑效果的方法，已在许多工业领域得到应用。为了进一步掌握表面织构的润滑机理，本章利用二维计算流体动力学（CFD）模型模拟了流体润滑状态下非对称性表面凹槽织构的动压承载性能，主要得到以下结论：

（1）雷诺数 Re 较小时，油膜承载随织构非对称性参数 H 的减小而增大；在雷诺数 $Re=20$ 时，当 H 从 4 减小到 0.2，油膜承载增加了 73.44%。

（2）随雷诺数 Re 的增大，油膜承载受表面织构非对称性影响减弱；在雷诺数 $Re=160$ 时，当 H 从 4 减小到 0.2，油膜承载仅增加了 4.68%。

（3）油膜承载随雷诺数 Re 增大而增大；当雷诺数 Re 从 20 增加到 160，无织构表面油膜承载增加了 98.4%，$H=0.2$、0.5、0.875、1、2、4 的织构表面所对应的油膜承载分别增加了 97.54%、97.7%、98.1%、98.9%、99.1%、99.3%。

参考文献

[1] Rahmani R, Shirvani A, Shirvani H. Optimization of partially textured parallel thrust bearings with square-shaped micro-dimples [J]. Tribology Transactions, 2007, 50: 401 -406.

[2] Lu X, Khonsari M M. An experimental investigation of dimple effect on the stribeck curve of journal bearings [J]. Tribol. Lett. , 2007, 27: 169 -176.

[3] Etsion I, Kligerman Y, Halperin G. Analytical and experimental investigation of laser-textured mechanical face seals [J]. STLE Tribol. Trans. , 1999, 42: 511 -516.

[4] Xiao N, Khonsari M M. Thermal performance of mechanical seals with textured side-wall [J]. Tribology International, 2012, 45: 1 -7.

[5] Etsion I, Sher E. Improving fuel efficiency with laser surface textured piston rings [J]. Tribology International, 2009, 42: 542 - 547.

[6] Zhou Y, Zhu H, Tang W, et al. Development of the theoretical model for the optimal design of surface texturing on cylinder liner [J]. Tribology International , 2012, 52: 1 -6.

[7] Aravind N, Murthy I Etsion. Analysis of surface textured air bearing sliders with rarefaction effects [J]. Tribol. Lett., 2007, 28: 251 - 261.

[8] Zhou L, Kato K, Vurens G, et al. The effect of slider surface texture on fly ability and lubricant migration under near contact conditions [J]. Tribology International, 2003, 36: 269 - 277.

[9] Hsiao W, Tseng S, Huang K, et al. Pulsed Nd: YAG laser treatment of monocrystalline silicon substrate [J]. Int. J. Adv. Manuf. Technol., 2011, 56: 223 - 231.

[10] Chang T, Chen Z, Lee Y. Micro/nano structures induced by femtosecond laser to enhance light extraction of GaN-based LEDs [J]. Optics Express, 2012, 20 (14): 15997 - 16002.

[11] Han J, Fang L, Sun J, et al. Hydrodynamic lubrication of microdimple textured surface using three-dimensional CFD [J]. Tribology Transactions, 2010, 53: 860 - 870.

[12] Chouquet C, Gavillet J, Ducros C, et al. Effect of DLC surface texturing on friction and wear during lubricated sliding [J]. Materials Chemistry and Physics, 2010, 123: 367 - 371.

[13] Vilhena L M, Podgornik B, Vižintin J, et al. Influence of texturing parameters and contact conditions on tribological behaviour of laser textured surfaces [J]. Meccanica, 2011, 46: 567 - 575.

[14] Cho M H, Park S. Micro CNC surface texturing on polyoxymethylene (POM) and its tribological performance in lubricated sliding [J]. Tribology International, 2011, 44: 859 - 867.

[15] Sahlin F, Glavatskih S, Almqvist T, et al. Two-dimensional CFD-analysis of micro-patterned surfaces in hydrodynamic lubrication [J]. Transactions of the ASME, 2005, 127: 96 - 102.

[16] Han J, Fang L, Sun J. Hydrodynamic lubrication of surfaces with asymmetric microdimple [J]. Tribology Transactions, 2011, 54: 607 - 615.

[17] Cupillard S, Cervantes M, Glavatskih S. Pressure buildup mechanism in a textured inlet of a hydrodynamic contact [J]. Transactions of the ASME, 2008, 130: 0217011 - 02170110.

[18] Zhao Yuncai, Han Lei. CFD-based research on the load-bearing capacity of asymmetric texture with different reynolds number [J]. Surface Review and Letters, 2013, 20 (5): 13500431 - 7.

6 部分表面凹槽织构对摩擦学性能的影响

6.1 引　　言

前一章介绍了流体润滑状态下，传统的表面凹槽织构的非对称性对油膜动压润滑性能的影响，本章将延续前一章所采用的 CFD 方法研究区别于传统整体表面织构的部分表面凹槽织构对摩擦学性能的影响。

针对传统摩擦副表面织构化的处理，其摩擦副表面上的织构排列、布局大多针对整个摩擦副表面而言（如图 6.1（a）所示），虽在特定工况下，合理的织构大小可以改善摩擦学性能，但最近有实验证明[1~3]，摩擦副表面只加工部分表面织构（如图 6.1（b）所示）比充满织构的传统摩擦副表面可更进一步提升机械摩擦学性能。然而，对于流体润滑条件下的摩擦副表面部分凹槽织构化处理的动压润滑性能却鲜有文献报道，基于此，本章拟采用计算流体动力学（CFD）模型模拟研究部分表面凹槽织构的动压润滑性能，并详细分析表征部分凹槽织构在摩擦副表面排列布局的位置参数 L 对油膜承载的影响，同时探讨不同位置参数 L 下

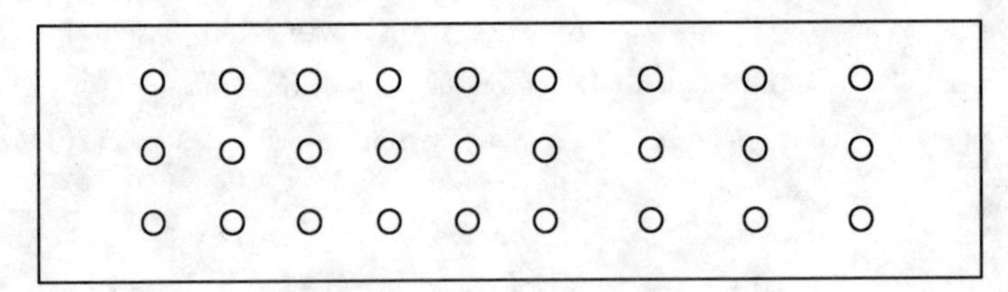

(a) 传统织构化表面

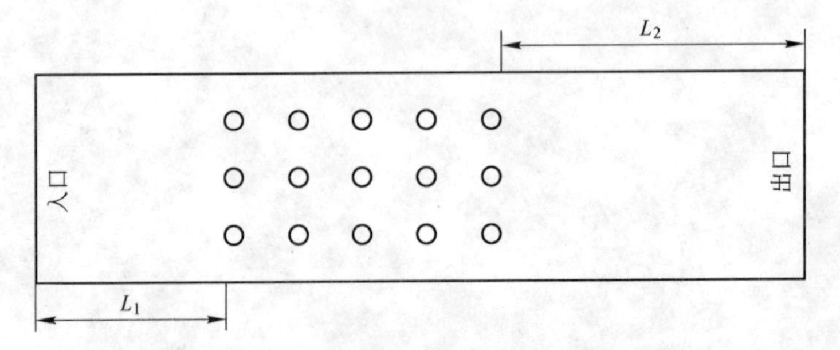

(b) 部分织构化表面

图 6.1　摩擦副表面织构布局

的压力分布、流线分布以及摩擦力和摩擦系数的变化规律。

6.2 部分凹槽织构物理模型

图 6.2（a）所示为摩擦副表面部分凹槽织构示意图。为便于分析流体润滑状态下，部分凹槽织构整体布局位置对油膜承载的影响，同时，由于研究对象主要针对部分凹槽织构的整体布局位置，因此，忽略多织构间相互作用这一次要因素，建立如图 6.2（b）所示的单凹槽织构几何模型。定义 L 为表征部分凹槽织构在摩擦副表面排列布局的位置参数，$L = l_1/l_x$，D 为表征部分凹槽的宽度，$D = d/l_x$。

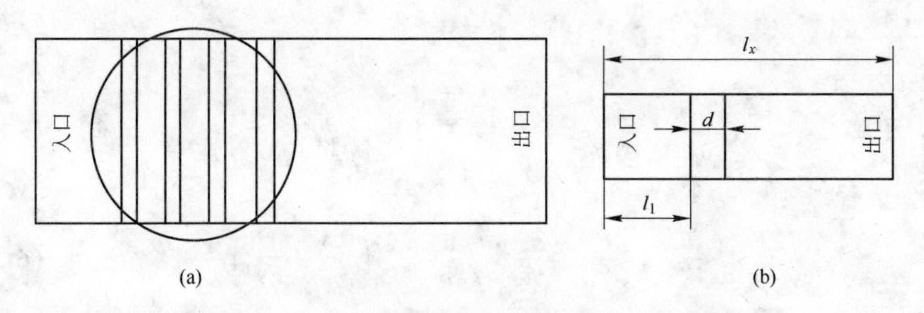

图 6.2 摩擦副表面部分凹槽织构及简化几何模型

6.3 数值方法及边界条件

6.3.1 基本控制方程

摩擦副表面部分凹槽织构流动区域的模拟是基于流体动力学基本方程纳维斯托克斯方程（N-S 方程），采用商业软件 FLUENT 对 N-S 方程进行求解。假设润滑剂为不可压缩牛顿流体且不计体积力，同时润滑剂黏度及密度为常数。另外，假设运行环境为恒温且流动为层流和定常流动。基于以上假设，部分凹槽织构流动区域的基本控制方程如下。

连续性方程：

$$\frac{\partial \bar{\rho}}{\partial t} + \frac{\partial}{\partial x_i}(\rho u_i) = 0 \tag{6.1}$$

动量方程：

$$\bar{\rho}\left(-\frac{\partial u_i}{\partial t} + u_j \frac{\partial u_i}{\partial x_j}\right) = -\frac{\partial p}{\partial x_i} + \mathrm{div}(\bar{\eta}\mathrm{grad}u_i) + S_i \tag{6.2}$$

实际工况下，由于表面织构润滑流动的复杂性，且织构类型为凹槽型织构（即关于 z 平面对称），因此考虑二维表面织构模型。另外，为了便于结果显示及数据对比分析，定义以下无量纲参数：

$$\begin{cases} X = x/l_x\,, \quad Y = y/h \\ U = u/u_0\,, \quad V = v/v_0 \\ \rho = \bar{\rho}/\rho_0\,, \quad \eta = \bar{\eta}/\eta_0\,, \quad P = p/p_0 \end{cases} \tag{6.3}$$

式中 u, v——沿 x、y 方向的速度；

u_0, v_0——沿 x、y 方向的特征速度；

$\bar{\rho}$, ρ_0——润滑剂密度和特征密度；

$\bar{\eta}$, η_0——润滑剂的动力黏度和特征动力黏度；

p, p_0——油膜压力和特征压力；

l_x——沿 x 方向摩擦副单元的长度。

经简化和量纲一化的 N-S 方程如下：

x 动量方程：

$$U\frac{\partial U}{\partial X} + V\frac{\partial V}{\partial Y} = -\frac{1}{Re}\frac{\partial P}{\partial X}\frac{1}{\rho} + \frac{1}{Re}\left(\frac{\partial^2 U}{\partial X^2} + \frac{\partial^2 U}{\partial Y^2}\right)\frac{\eta}{\rho} \tag{6.4}$$

y 动量方程：

$$U\frac{\partial V}{\partial X} + V\frac{\partial V}{\partial Y} = -\frac{1}{Re}\frac{\partial P}{\partial Y}\frac{1}{\rho} + \frac{1}{Re}\left(\frac{\partial^2 V}{\partial X^2} + \frac{\partial^2 V}{\partial Y^2}\right)\frac{\eta}{\rho} \tag{6.5}$$

量纲一化连续性方程：

$$\frac{\partial U}{\partial X} + \frac{\partial V}{\partial Y} = 0 \tag{6.6}$$

6.3.2 计算域及边界条件

摩擦副表面部分凹槽织构流动区域计算域如图 6.3 所示，其中表征凹槽单元长度 $l_x = 1\mathrm{e}-03\mathrm{m}$，沿 x 方向；润滑膜厚 $h = 3\mathrm{e}-5\mathrm{m}$，沿 y 方向；润滑剂黏度及密度分别为 0.01Pa · s、1000kg/m^3。另外，据 Sahlin 等[4]提出的织构深度与膜厚最优比率在 0.5 ~ 0.75 之间，确定凹槽深度 $h_0 = 0.5h$。

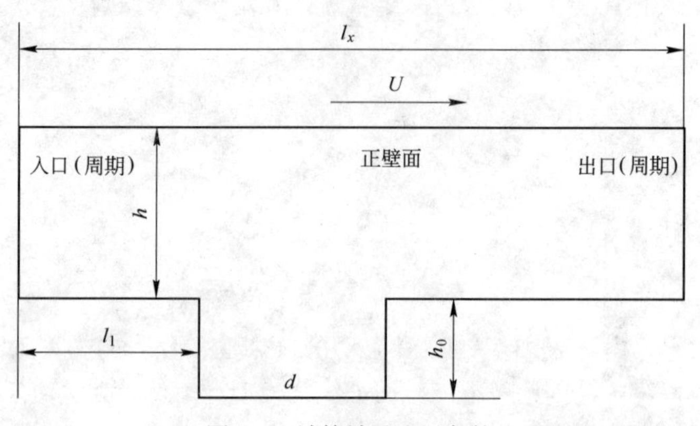

图 6.3 计算域及边界条件

计算域边界条件为：上壁面以速度 U 沿 x 方向匀速滑动，且壁面无滑移，下壁面固定；入口及出口设为周期边界条件。采用传统的有限体积法对方程进行离散，计算区域网格划分节点数为 34000，残差收敛判断设为 10e－05 停止迭代。同时对区域网格进行了独立性分析，其结果表明：当适当增减网格节点数，所得数值结果之间相对百分比仅在 1.06% 以内。

6.4　部分凹槽织构动压润滑性能分析

基于以上计算模型和初始参数（见表 6.1），采用 CFD 方法分析了部分凹槽织构的位置参数 L、雷诺数 Re 及凹槽宽度 D 对油膜承载的影响。

表 6.1　初始计算参数

$$L = l_1/l_x = \begin{cases} 0.05 \\ 0.1 \\ 0.15 \\ 0.2 \\ 0.25 \\ 0.3 \\ 0.35 \\ 0.4 \end{cases} \quad Re = \begin{cases} 3 \\ 10 \\ 40 \\ 80 \\ 120 \\ 160 \end{cases} \quad D = d/l_x = \begin{cases} 0.2 \\ 0.3 \\ 0.4 \\ 0.5 \end{cases}$$

6.4.1　位置参数对油膜承载的影响

图 6.4 为不同雷诺数 Re 下，部分凹槽织构的位置参数 L 对油膜承载的影响。从图中可知，油膜承载随位置参数 L 的减小而单调递增，同时，还可以发现油膜承载的这种单调递增趋势不因雷诺数 Re 及凹槽宽度 D 的不同而发生改变。

早在 2005 年 Kligerman 等[1]就提出了部分表面织构这一理论，并以活塞环/气缸套为研究对象，分析了部分表面织构对油膜承载的影响，同时与传统的整体表面织构进行了对比，并得出最优的宽度比率为 0.6，但其主要是基于活塞环表面部分织构区域与活塞环表面宽度比作为设计参数，研究不同的宽度比率下，织构的几何参数对摩擦学性能的影响，对于部分织构的整体布局位置参数 L 没有进行探讨。因此，结合以上分析可得出，对摩擦副表面进行部分表面织构设计时，不仅要考虑其宽度比率这一重要设计参数，其位置参数 L 也应当作为衡量部分织构在表面布局的关键参数。

流体润滑状态下，表面织构的减摩机理主要是基于织构的存在能够使摩擦副两表面间隙间的润滑剂流场产生非对称的压力分布，从而形成额外的净压增加油膜承载[4~6]。Cupillard 等[7]在分析全膜润滑压力形成机理中也得出了类似的结论，认为织构的引入能够在两表面间形成一个收敛间隙，从而改变摩擦副表面润滑油的压力场分布，产生额外油膜压力。部分凹槽织构的整体布局位置参数 L 的改变不会影响摩擦副表面的局部收敛间隙，但却能改变润滑剂流场压力分布的对称性（如图 6.5 所示），随位置参数 L 的减小，摩擦副两表面间隙间润滑剂流场压力分布的非对称性明显增强，产生更大的净压力。因此在部分表面凹槽织构设计中，由织构引起的油膜承载量受其位置参数 L 的影响，且随位置参数 L 的减小，油膜承载单调递增。

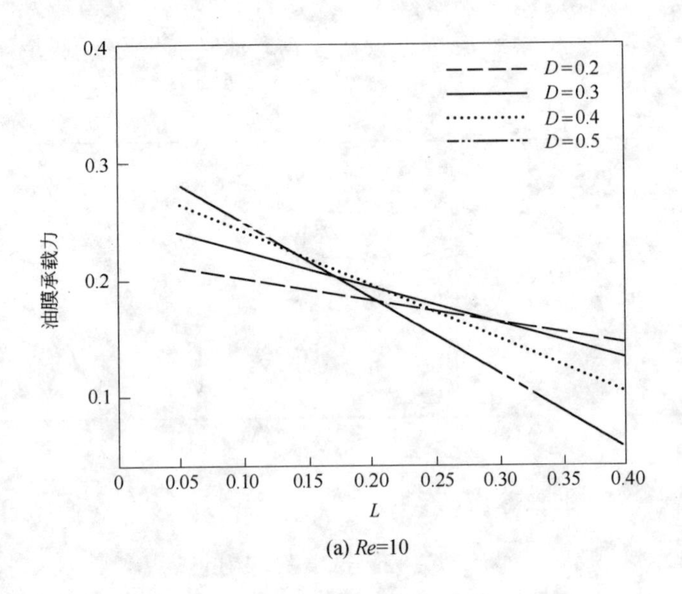

(a) Re=10

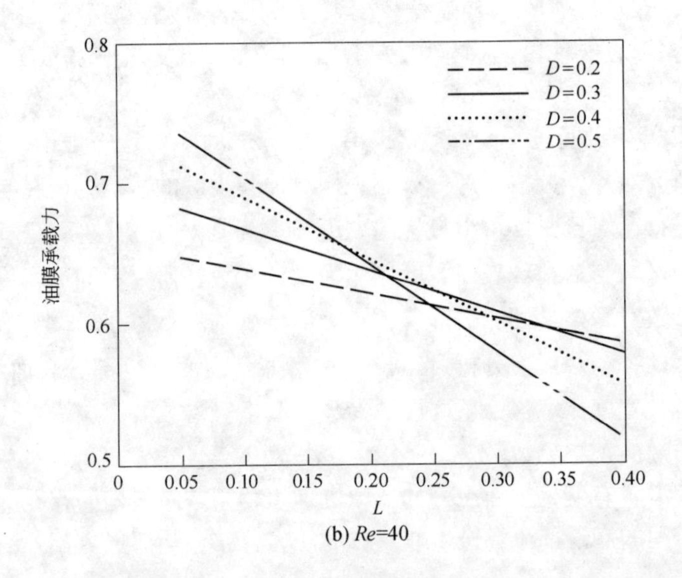

(b) Re=40

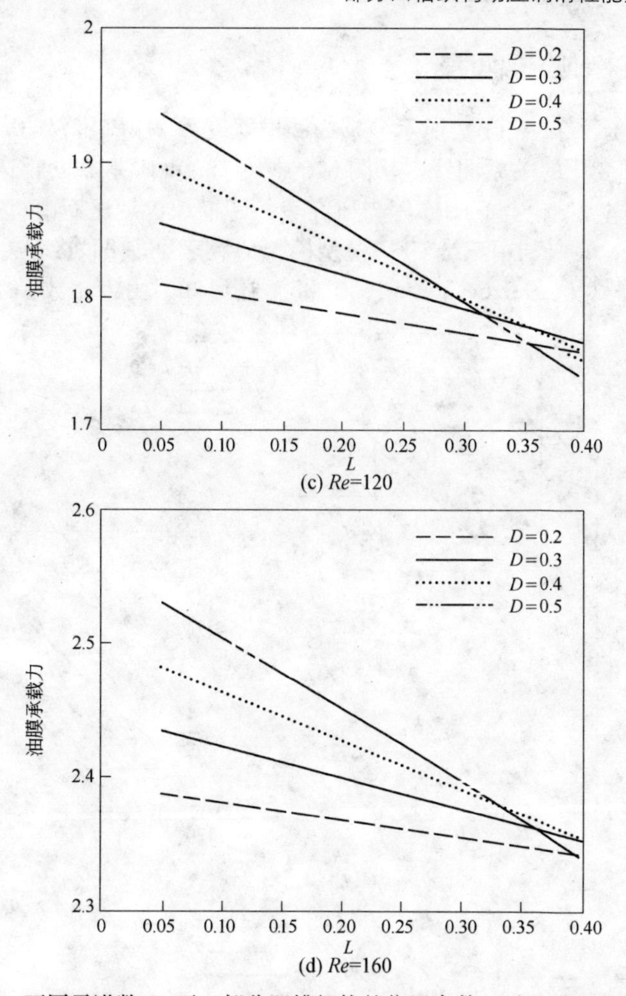

(c) Re=120

(d) Re=160

图 6.4 不同雷诺数 Re 下，部分凹槽织构的位置参数 L 对油膜承载的影响

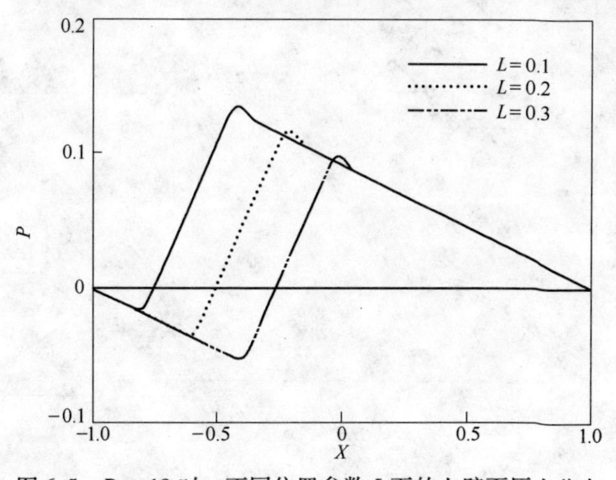

图 6.5 $Re=10$ 时，不同位置参数 L 下的上壁面压力分布

6.4.2 雷诺数对油膜承载的影响

图6.6（a）和6.6（b）所示分别为凹槽宽度 $D=0.2$ 和 $D=0.4$ 时，油膜承载随雷诺数 Re 变化的关系曲线。从图6.6中可知，油膜承载随雷诺数 Re 的增加而单调递增。这一结论与 Sahlin 等[4]研究表面凹槽织构动压润滑机理时所得结论一致，同时 Han 等[6]利用三维 CFD 模型模拟研究表面圆凹坑织构时，也得出类似结论。另外，对比图6.6（a）和6.6（b）还可知，由雷诺数 Re 增加引起的油

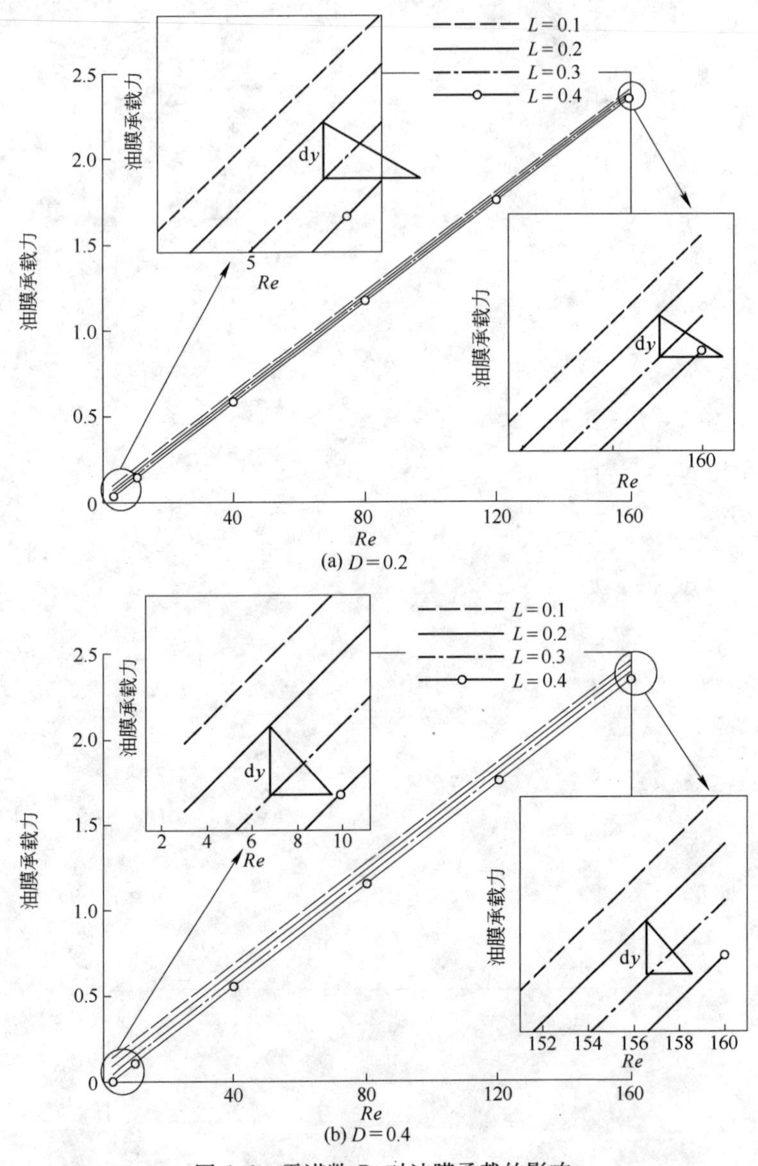

图6.6 雷诺数 Re 对油膜承载的影响

膜承载单调递增的这种趋势不因位置参数 L 及凹槽宽度 D 的改变而发生变化。雷诺数 Re 表示流体惯性项与流体黏性的比值，该研究是基于流体等黏度条件，因此当雷诺数 Re 增加时，润滑剂流体的惯性项增大，将直接导致润滑剂流体产生较大的动压力，从而增加油膜总的承载。

虽然油膜承载随位置参数 L 的减小而单调递增的这种趋势不受雷诺数 Re 的影响（如图 6.4 所示），但仔细观察图 6.6（a）和 6.6（b）中局部放大部分可发现，其随位置参数 L 减小而增加的相对增量 $d\gamma$ 却明显受到雷诺数 Re 的影响，在雷诺数 Re 较低时，随位置参数 L 减小而增加的油膜承载的相对增量 $d\gamma$ 明显大于雷诺数 Re 较高时。同时从图 6.7 中可定性说明，油膜承载的这种相对增量 $d\gamma$

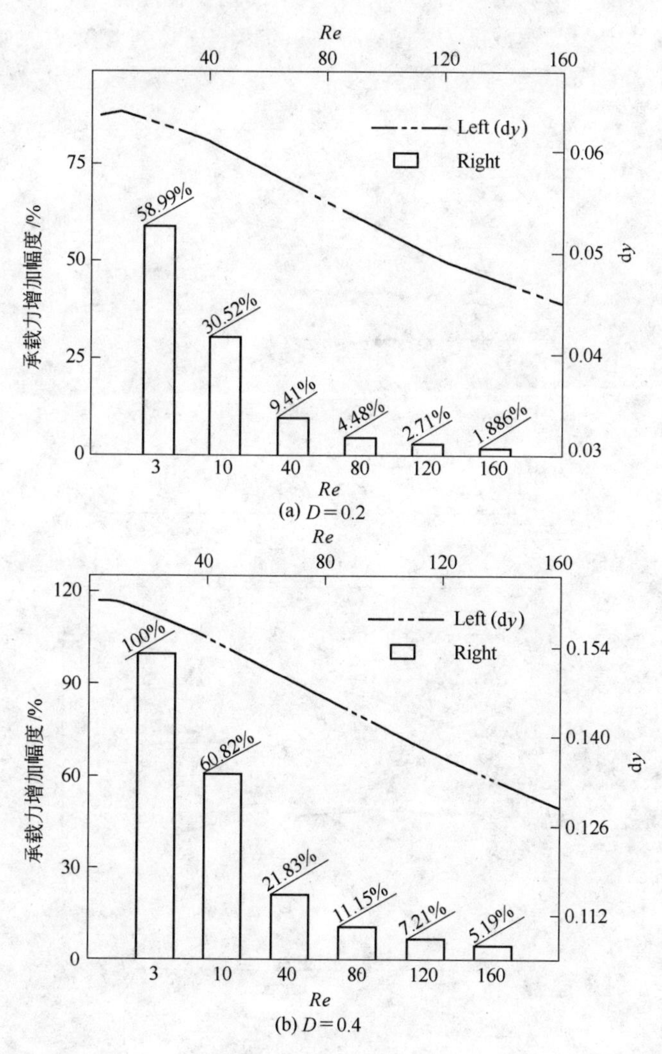

图 6.7 不同雷诺数 Re 下，位置参数 L 从 0.4 减少到 0.05 时，油膜承载的增加幅度

随雷诺数 Re 的增加逐渐减小。如当雷诺数 $Re=3$，凹槽宽度 $D=0.2$ 时，位置参数 L 从 0.4 减小到 0.05，油膜承载增加了 58.99%，在相同条件下，雷诺数 $Re=160$ 时，油膜承载仅增加 1.886%（如图 6.7(a)所示）。因此，摩擦副在低速运行环境下，对表面进行部分凹槽织构设计时必须考虑位置参数 L 这一关键因素。

6.4.3　凹槽宽度对油膜承载的影响

在传统的凹槽表面织构设计中，凹槽宽度被视为一个关键参数[8]。不同的润滑状态下，凹槽宽度对表面摩擦学性能影响各不相同，如合适的凹槽宽度在边界润滑下可增加储存润滑剂区域面积，提升二次润滑效果[9]。动压润滑中，合适的工况条件下，增加凹槽宽度可增加动压力，从而增加油膜承载[6,10]。针对部分表面凹槽织构设计中，凹槽宽度 D 对油膜承载的影响受位置参数 L 及雷诺数 Re 的作用，如图 6.8（a）所示，不同位置参数 L 下，油膜承载随宽度 D 的变化曲线

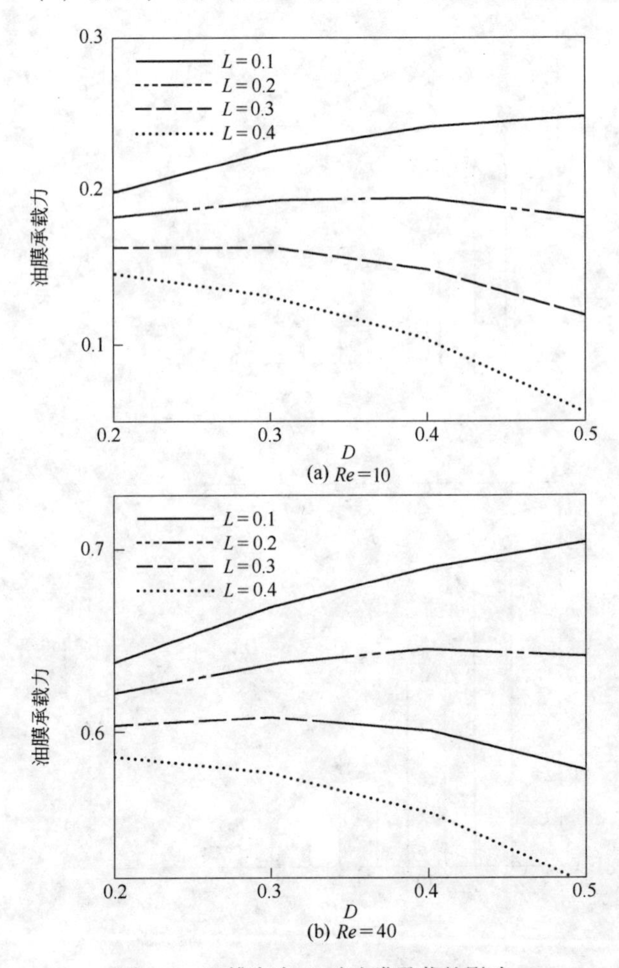

(a) $Re=10$

(b) $Re=40$

图 6.8　凹槽宽度 D 对油膜承载的影响

不尽相同，如 $L=0.1$ 时，油膜承载随宽度 D 增加而增大，说明对应着最大油膜承载的最优的宽度 D 值应大于0.5。随位置参数 L 的增加，宽度 D 最优值减小，如 $L=0.2$ 时，最优宽度 $D=0.4$；$L=0.3$ 和0.4对应的最优宽度 D 应小于0.2。

对比图6.8（a）和图6.8（b），虽然雷诺数 Re 在一定范围内不会改变最优宽度 D 的值，但当雷诺数 Re 增大到一定值时，如 $Re=160$，不同位置参数 L 下所对应的最优宽度 D 值明显变大（如图6.9所示）。因此，在一定的织构深度下，部分表面凹槽织构设计中，凹槽宽度 D 有最优值存在，同时也说明传统表面织构设计中也存在最优的织构宽度，但其最优值在部分表面织构设计中受雷诺数 Re 和位置参数 L 的双重作用，而传统表面织构设计中，其最优值仅受雷诺数 Re 的影响。Shi 等[10]在考虑空穴条件下，研究低雷诺数下表面凹槽织构的动压润滑性能时，指出最优的凹槽宽度为0.45，相同条件下，本书结果与此接近。

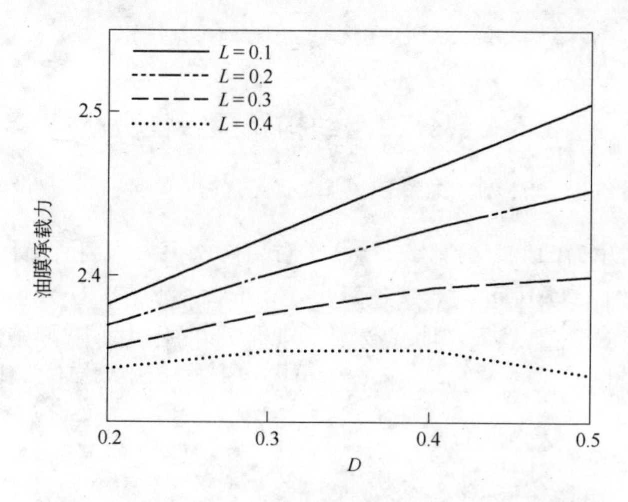

图6.9　$Re=160$ 时，凹槽宽度 D 对油膜承载的影响

综上分析，位置参数 L 和雷诺数 Re 之所以对凹槽宽度最优值产生影响，主要是因为其对织构表面润滑剂流场的压力分布造成一定的影响。图6.10所示为凹槽宽度 $D=0.4$ 时不同位置参数 L 及雷诺数 Re 下的上壁面压力分布。当雷诺数 $Re=40$，位置参数 $L=0.2$ 时，压力分布在零参考线以上所占的区域明显大于零参考线以下的区域，说明此时凹槽织构能够产生额外的动压力；相同条件下，位置参数 L 增加到0.4时，虽然由凹槽织构引起的流场压力仍呈非对称性分布，但其在零参考线以下部分压力所占区域过大，因此凹槽织构不会引起额外的动压，也就不存在所谓的最优值，然而此时如果雷诺数增加到160，从图中能清楚地看到，有明显的额外动压力产生。因此，凹槽织构引起润滑剂流场压力呈非对称性分布，但有利于产生额外承载的非对称性，其强弱由位置参数 L 及雷诺数 Re 决定。

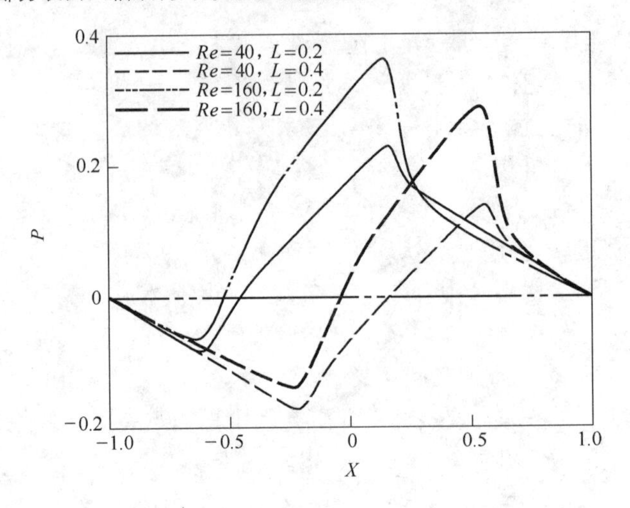

图 6.10 $D=0.4$ 时，上壁面压力分布

6.5 部分凹槽织构摩擦特性分析

6.5.1 位置参数与摩擦力的关系

图 6.11 所示为凹槽织构宽度 $D=0.4$ 时切向摩擦力 F_x 和位置参数 L 之间的变化曲线。从图 6.11 中可以清楚地看出，切向摩擦力 F_x 不受位置参数 L 的影响，其大小保持不变，然而却明显受到雷诺数 Re 的作用，随雷诺数 Re 的增加，切向摩擦力 F_x 单调递增。造成此种现象可以根据牛顿的内摩擦定律来做出解释，

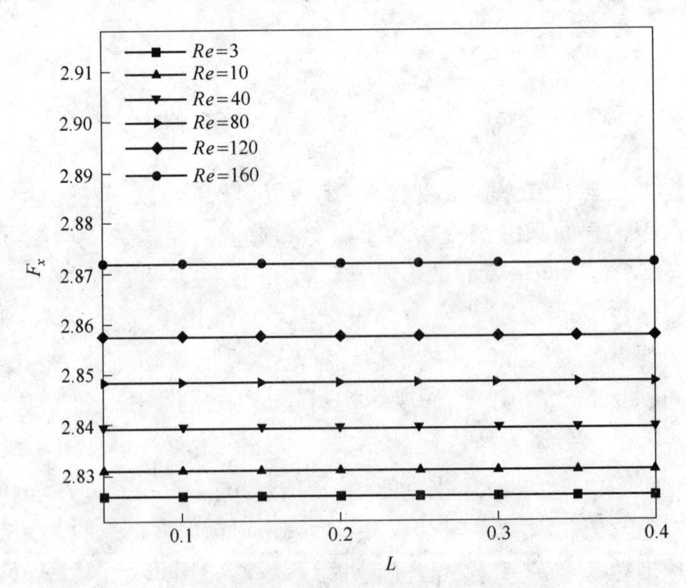

图 6.11 切向摩擦力 F_x 随间距参数 L 的变化规律

由于流体的剪应力为：

$$\tau = \eta \frac{\partial u}{\partial z} \tag{6.7}$$

式中 η——动力黏度；

$\frac{\partial u}{\partial z}$——润滑膜沿膜厚方向的速度梯度。

在求得润滑膜的剪应力之后对凹槽织构的上壁面的剪应力积分便可计算出凹槽织构上壁面的摩擦力，即：

$$F_x = \int \tau \mathrm{d}X \tag{6.8}$$

分析式 6.7 和式 6.8 可知，凹槽织构上壁面的摩擦力仅仅和润滑油的黏度和油膜在膜厚方向的速度梯度$\frac{\partial u}{\partial z}$有关，而位置参数 L 的变化不会对润滑油的黏度和膜厚方向的速度梯度$\frac{\partial u}{\partial z}$产生任何影响，因此位置参数 L 与凹槽织构上壁面的摩擦力 F_x 相互独立，互不影响。

6.5.2 位置参数与摩擦系数的关系

摩擦系数是表征机械系统摩擦学性能好坏的一个重要无量纲参数，通常在摩擦学设计中都尽量降低摩擦系数以便减小材料的磨损，提高材料的使用寿命。通过上述部分求得摩擦力和油膜承载后，可确定摩擦系数的大小，即为摩擦力与承载力的比值：

$$\mu = F_x/F_y = \frac{\int \tau \cdot \mathrm{d}X}{\int P(X)\mathrm{d}X} \tag{6.9}$$

图 6.12 为雷诺数 $Re = 10$、无量纲宽度 $D = 0.4$ 时，无量纲摩擦力 F_x、无量

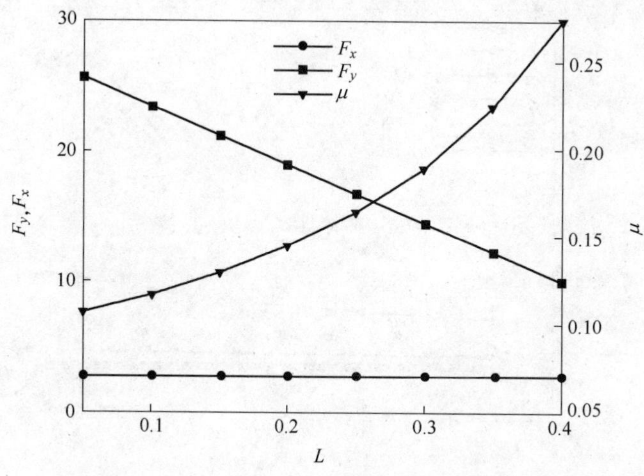

图 6.12 摩擦力 F_x、油膜承载 F_y 及摩擦系数 μ 随间距参数 L 的变化曲线

纲油膜承载 F_y 和摩擦系数 μ 随位置参数 L 变化的一个关系示意图，从图 6.12 中可以看出油膜承载力 F_y 随位置参数 L 减小而增大，而由于摩擦力 F_x 保持不变，因此根据式 6.9 可知摩擦系数将随位置参数 L 减小而减小。

如图 6.13 所示，随位置参数 L 的减小摩擦系数 μ 减小，但随雷诺数 Re 的增加，伴随位置参数 L 减小，摩擦系数 μ 减小的幅度逐渐减弱。从图 6.14 可定性说明此点，图 6.14 所示为雷诺数 $Re=3$ 和 $Re=160$、凹槽宽度 $D=0.2$ 时，摩擦系数 μ 随位置参数 L 从 0.4 下降到 0.05，位置参数 L 每减小 0.05 所对应的摩擦系数 μ 减小的幅度。当雷诺数 $Re=3$ 时，如图 6.14（a）所示，摩擦系数 μ 减小的幅度明显，最小减幅为 9.1%，且通过计算可知位置参数 L 从 0.4 下降到 0.05，凹槽表面织构上壁面摩擦系数 μ 整体减小了 59.1%，当雷诺数 Re 增加到 160 时，如图 6.14（b）所示，摩擦系数 μ 受位置参数 L 影响减幅极小，最大减

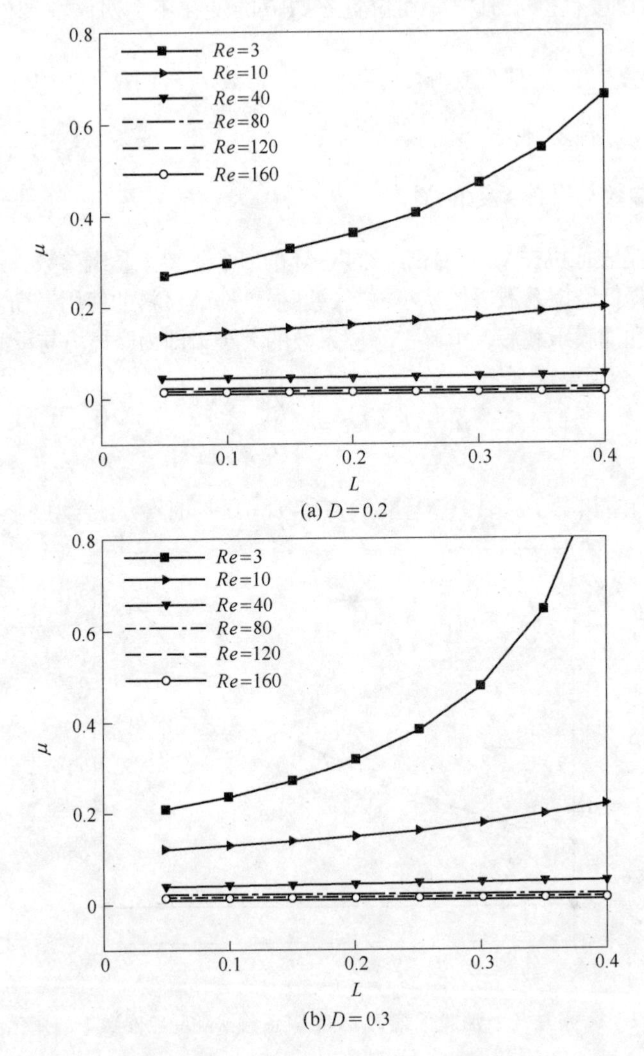

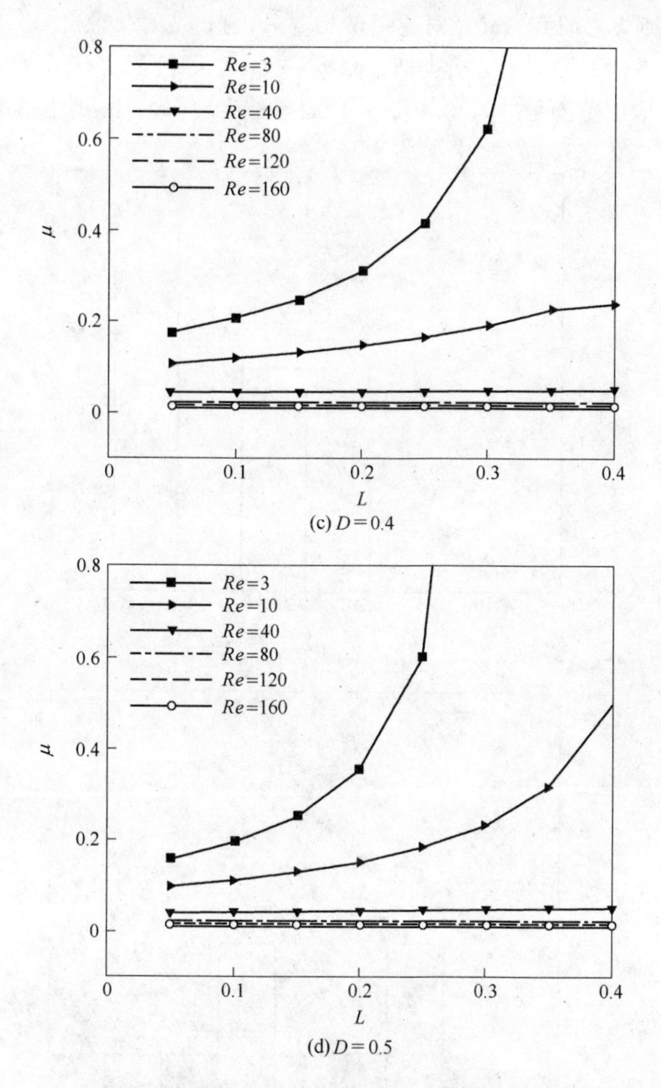

(c) $D=0.4$

(d) $D=0.5$

图6.13 不同凹槽宽度 D 对应的摩擦系数 μ 随位置参数 L 的变化规律

幅仅为0.32%，且通过计算可知，位置参数 L 从0.4下降到0.05，摩擦系数 μ 整体仅减小了1.83%。

另外，对比图6.13（a）和（b），当凹槽宽度 D 从0.2增加到0.3，位置参数 L 在［0，0.25］范围内取值时，摩擦系数 μ 随凹槽宽度 D 的增大而减小，位置参数 $L>0.25$ 时，摩擦系数 μ 随凹槽宽度 D 的增加而增大。对比图6.13（a）、（b）和（c），当凹槽宽度 D 增加到0.4时，摩擦系数 μ 随凹槽宽度 D 增大而减小所对应的位置参数 L 取值范围变为［0，0.2］，当位置参数 L 在［0.3，0.4］范围取值时，摩擦系数 μ 发生突变，说明在凹槽宽度 $D=0.4$ 时，位置参数 L 不应大于0.3，否则失去研究意义。对比图6.13（a）、（b）、（c）和（d），当无量纲宽度D增加到0.5时，同以上分析类似，摩擦系数μ随凹槽宽度D增大而减小所对应的位置参数L取值范围是［0，0.1］，当位置参数$L>0.25$时，摩擦系数发生突变。

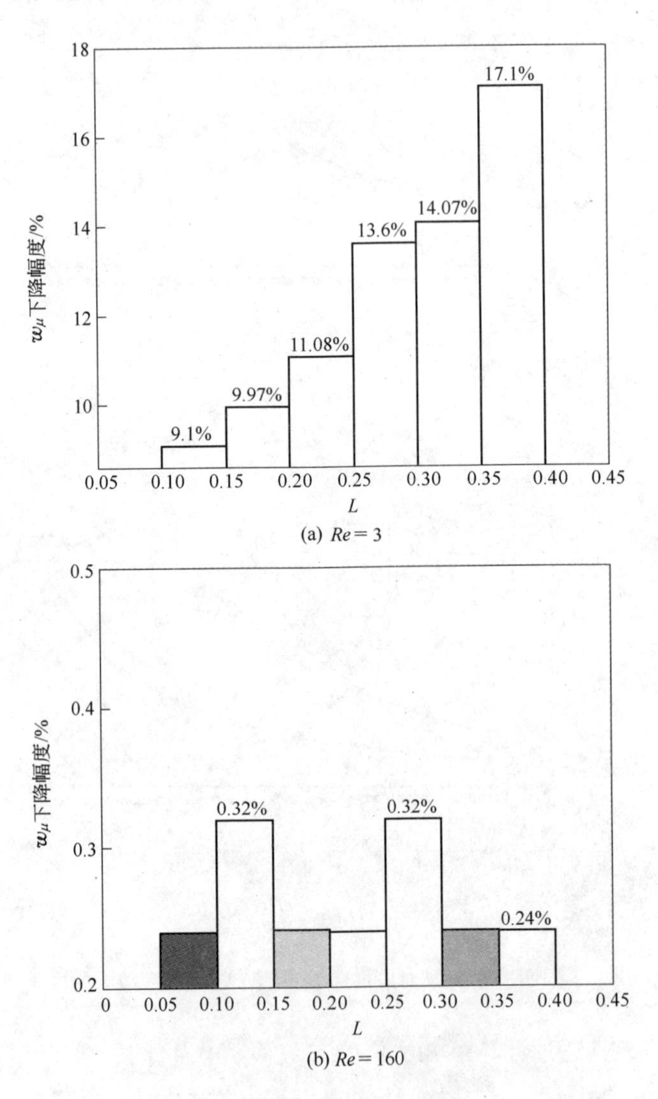

图6.14 摩擦系数μ随位置参数L减小而下降的幅度

综上分析可知，在雷诺数Re较低时，位置参数L取值范围不一样，所得到的最优织构凹槽宽度D不一样，如位置参数L在[0,0.1]、[0.1,0.2]、[0.2,0.25]、[0.25,0.4]范围取值时，所对应的最优织构凹槽宽度分别为$D=0.5$、$D=0.4$、$D=0.3$、$D=0.2$。这对实际工况下，表面织构的几何参数优化具有一定的指导意义。

6.5.3 关键参数下的流线分布

流线被定义为同一时间点由无数多个流体微细颗粒组成的一条曲线，流线上每一点上的切线与该点流体颗粒的运动方向平行[11]。通常可通过标量流函数 ψ 获得流线，当在同一条流线上时，标量流函数 ψ 等于常数。一般采用速度来描述流函数：

$$
\begin{cases}
u = \dfrac{\partial \psi}{\partial y} \\
v = -\dfrac{\partial \psi}{\partial x}
\end{cases}
\tag{6.10}
$$

由于凹槽织构涡流或其他不规则流动的产生能够吸收摩擦副上壁面运动所带来的能量，使其转化为旋转能量，这种情况对摩擦副两接触表面间隙间的油膜承载极为不利，因此有必要对流线进行详细的分析，这样更易于了解区域中流体流动的情况，如流体流动中是否有涡流的发生，或者存在其他不规则的流动，以便于从整体上对表面织构进行分析。

图 6.15 为雷诺数 $Re=3$、凹槽宽度 $D=0.2$ 时，不同位置参数 L 下的凹槽织

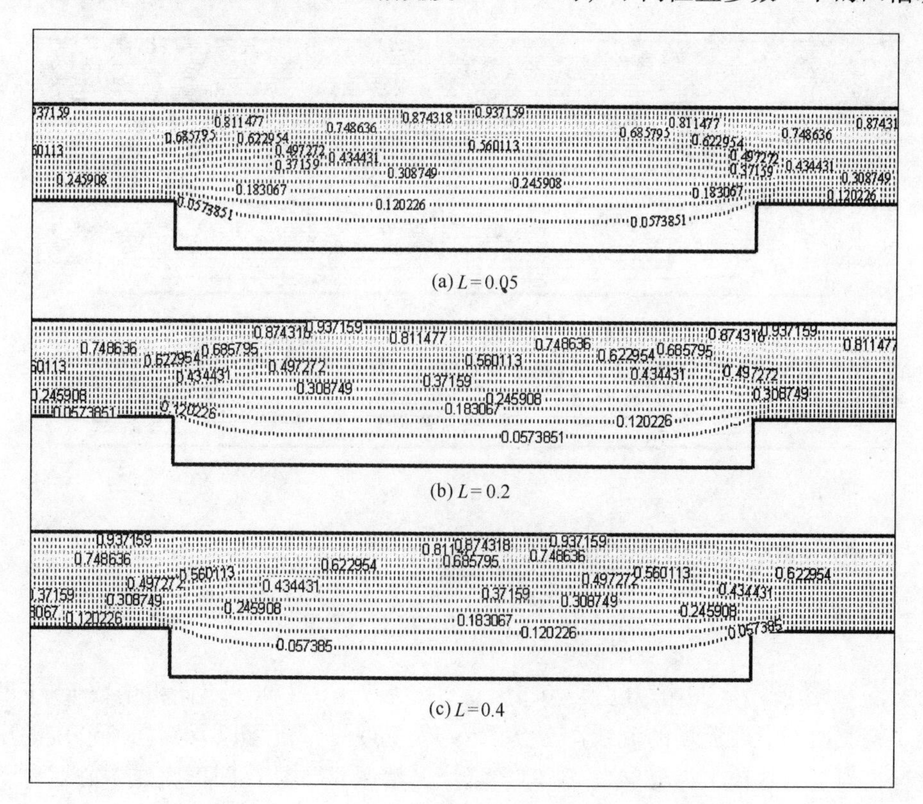

(a) $L=0.05$

(b) $L=0.2$

(c) $L=0.4$

图 6.15　$Re=3$、$D=0.2$ 时，不同位置参数 L 下的流线

构表面润滑油流场的流线图，从图 6.15 中可看出，图 6.15（a）、（b）、（c）流线都较为光滑平整，没有出现涡流，且不同位置参数 L 下的流线图基本一致，说明位置参数 L 的变化与涡流的形成及不规则流动的产生之间没有依赖关系，因此在对表面织构的位置参数 L 进行优化设计时可不考虑涡流及不规则流动的影响。

图 6.16 所示为雷诺数 $Re=40$，位置参数 $L=0.2$ 时，不同凹槽织构宽度下的凹槽表面润滑油流场的流线图。从图 6.16 中可看出，当凹槽宽度 $D=0.2$ 时，接近凹槽底部的流线成非对称形，有形成涡流的趋势，但随凹槽织构宽度增加时，对比图 6.16（a）、（b）、（c），这种有涡流产生的趋势逐渐减弱，说明随凹槽织构宽度的增加会减弱涡流形成的能力，这也间接反映了动压润滑下随凹槽织构宽度的增加，可以增加动压承载，这一结论与文献［5］一致。

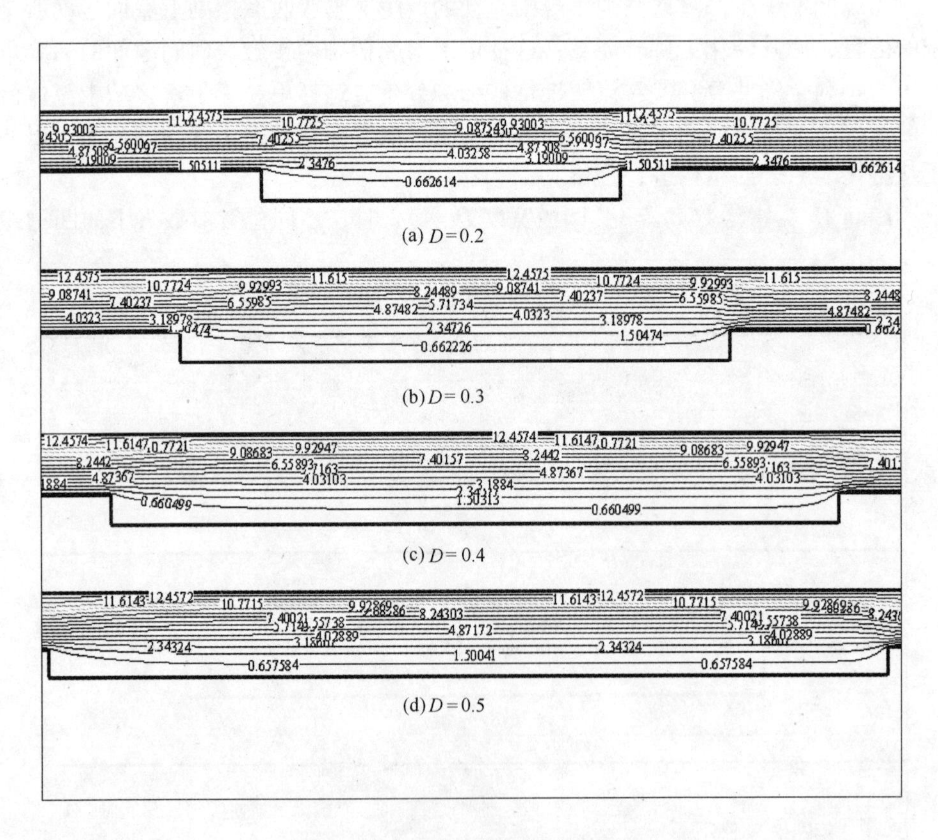

(a) $D=0.2$

(b) $D=0.3$

(c) $D=0.4$

(d) $D=0.5$

图 6.16　不同凹槽宽度下的流线

图 6.17 所示为凹槽宽度 $D=0.3$，位置参数 $L=0.2$ 时，不同雷诺数 Re 下凹槽织构表面润滑油流场的流线图。从图 6.17（a）~（f）可以看到涡流形成的全过程，当雷诺数较小，$Re=3$、10 时，流线光滑平整，且在凹槽内成中心对称形状分布（如图 6.17（a）、（b）所示），随着雷诺数的增大，$Re=40$、80、120 时，

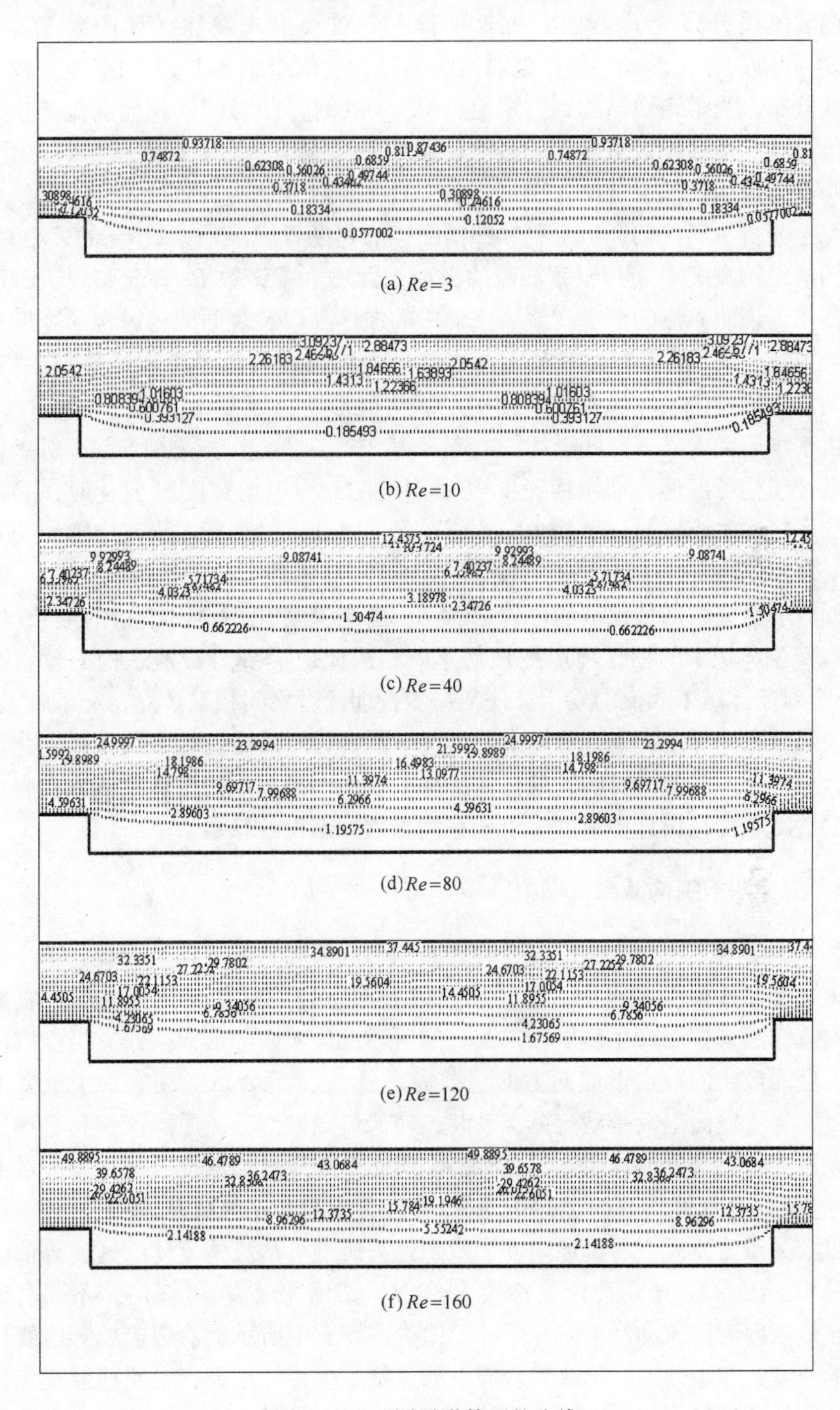

图 6.17 不同雷诺数下的流线

凹槽内的流线分布受其影响，逐渐往非中心对称形式发展（如图 6.17（c）、（d）、（e）所示），形成一种产生涡流的趋势，类似于图 6.16 中凹槽宽度较小时的流线分布，当雷诺数增加到一定值，$Re=160$ 时，此时凹槽底部涡流产生，说明流体流动的惯性项对流线影响较大，在实际工况下，对表面织构进行优化时，应当综合考虑流体惯性项的作用。

综上分析，涡流的产生主要和凹槽织构的宽度 D 以及雷诺数 Re 的大小有关，增加凹槽织构宽度 D 可以延缓涡流的形成，而增大雷诺数 Re 却起到促进涡流形成的作用。说明涡流的产生和流体流动中的惯性项以及表面凹槽织构的宽度有密切的关系。Sahlin 等[4] 曾经对截面为半圆形的凹槽织构做过类似的研究，指出：涡流的产生依赖于流体域中的惯性项及织构的形状，即雷诺数 Re 及 $\mathrm{d}y/\mathrm{d}x$ 的大小。由于本研究中，未对凹槽织构的深度 H 进行分析，直接采用 Sahlin 等人优化过的最优织构深度值，即织构深度 H 是固定的，当织构宽度 D 变化时，必然使织构的形状发生改变，即使 $\mathrm{d}y/\mathrm{d}x$ 的值变化，因此可以解释本研究中随织构宽度 D 的变化而使涡流发生变化这一结论。

同时本研究的凹槽织构的位置参数 L，由于其变化不会对织构的形状（$\mathrm{d}y/\mathrm{d}x$）以及流体域中的惯性项产生任何影响，因此改变部分凹槽织构的位置参数 L，不会对流体域中涡流的发生有任何影响，即两者之间相互独立，无依赖关系。间接说明，在实际工况下，针对实际情况，如需通过改变位置参数 L 来优化油膜承载，可不考虑涡流的影响，这样使得部分表面凹槽织构的位置参数 L 在表面织构的润滑减摩优化设计中成为一个很有优势的关键设计参数。

6.5.4 部分凹槽织构减摩机理

流体润滑状态下，之所以合适的表面织构能够起到增加动压承载，减小摩擦系数，降低摩擦损耗的作用，除了合适的表面织构能够使流体流动形成收敛间隙，对流体造成挤压产生动压，以及如前所述流体域内部形成空穴，当空穴溃灭时对上壁面产生的冲击形成向上的承载力之外[10]，笔者认为还有一个重要的原因就是，当上壁面运动带动流体流动时，使流体域中的流体质点产生具有加速度的运动。如果大部分流体质点都具有沿 y 向向上的质量加速度，即在流体域内沿 y 向能产生一个惯性力（向上的正动量），就可增加油膜承载力。

以上关于流体质点质量加速度产生惯性力机理可从流体流动的速度等值线来观察分析。图 6.18 所示为位置参数 $L=0.3$，凹槽宽度 $D=0.2$ 时，不同雷诺数下的流体域内流体流动沿 y 向的速度等值线图，图中所示，右边速度等值线代表向上的速度，左边速度等值线代表向下的速度，等值线越密，说明速度变化频率越快，即加速度越大。

当雷诺数 $Re=3$ 时，如图 6.18（a）所示，在凹槽的入口和出口边缘，存在

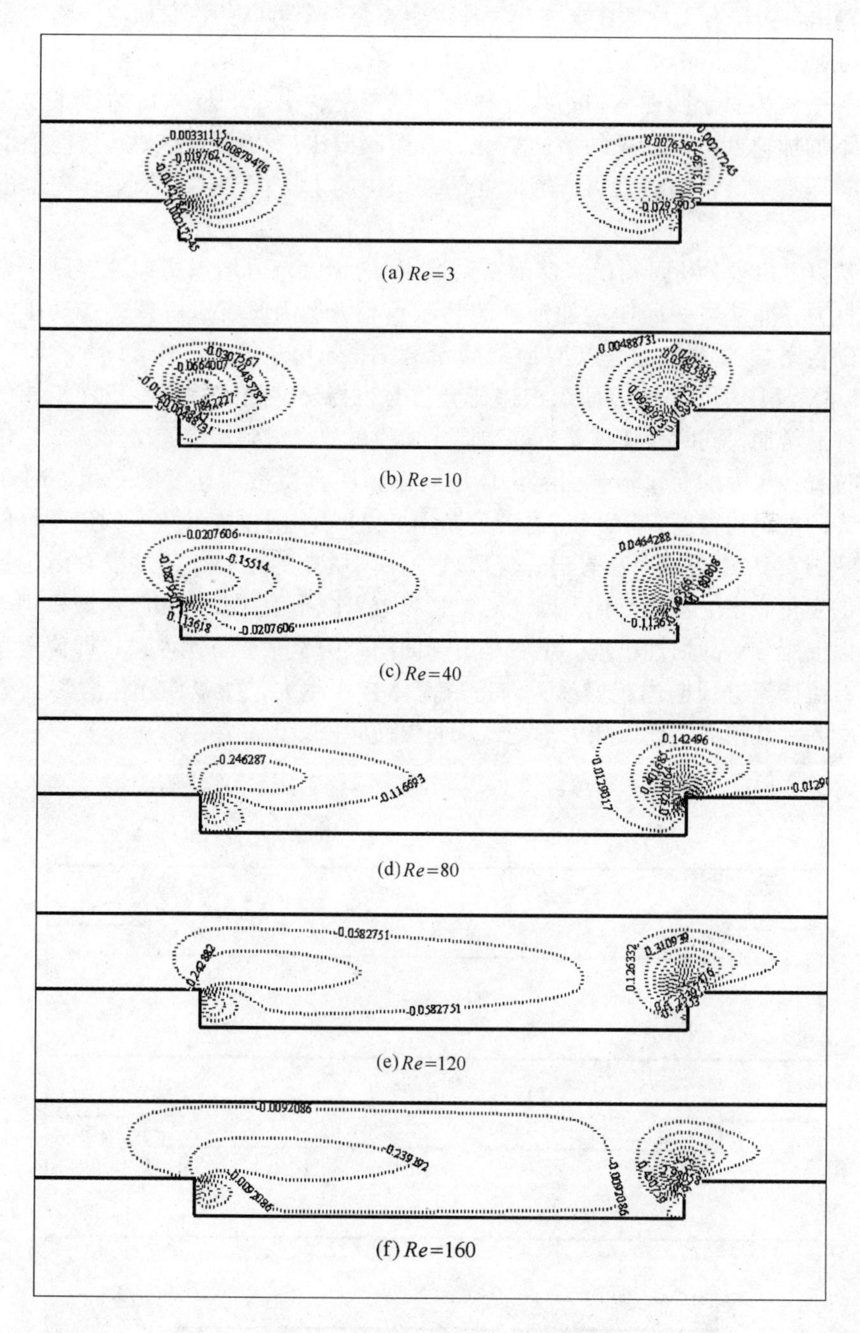

(a) $Re=3$

(b) $Re=10$

(c) $Re=40$

(d) $Re=80$

(e) $Re=120$

(f) $Re=160$

图 6.18 不同雷诺数下的速度等值线

两个速度极限值，在凹槽的入口边缘，流体质点先经历了一个向下的加速过程，然后开始减速，直至到速度为零，在这个过程中主要是沿 y 方向的负向加速，而在凹槽出口边缘有类似的速度变化规律，主要是沿 y 方向的正向加速。随着雷诺数 Re 的增大，如图 6.18（b）、（c）、（d）、（e）、（f）所示，凹槽出口边缘的速度等值线相对于凹槽入口边缘变得越来越密集，由于凹槽入口边缘主要是产生向下的加速度，即沿 y 的负向惯性力，而凹槽出口边缘主要是产生向上的加速度，即沿 y 的正向惯性力，因此在凹槽织构的上方能产生一个整体向上的惯性力。

从以上机理分析可得出，伴随雷诺数 Re 的增大，可增加指向摩擦副上壁面的惯性力，即从另一层面增加油膜的动压承载力。因此可以解释，在动压润滑下，随雷诺数的增加，可以增加油膜承载力。Sahlin 等[4]、Han 等[6] 以及 Shi 等[10] 在对动压润滑下的表面织构进行分析时也指出，油膜承载不仅随织构的宽度增加而增加，同时伴随雷诺数的增加，油膜承载也得到相应的增加。

位置参数 L 的变化不会引起流体域内流体质点质量加速度的变化。图 6.19 所示为凹槽织构宽度 $D=0.3$，雷诺数 $Re=40$ 时，不同位置参数下的速度等值线图。从图 6.19 中可以明显看出，流体域中流体质点的运动加速度没有因位置参数 L 的变化而发生任何变化，因此随位置参数 L 减小而增大的油膜承载机理不是由于以上所分析的惯性机理。主要是由于凹槽织构越靠近单元入口，即位置参数越小，流体流进凹槽内越容易，即造成流体挤压越大，所以伴随位置参数 L 减小，油膜承载增大，而摩擦力不变，从而促使摩擦系数减小。

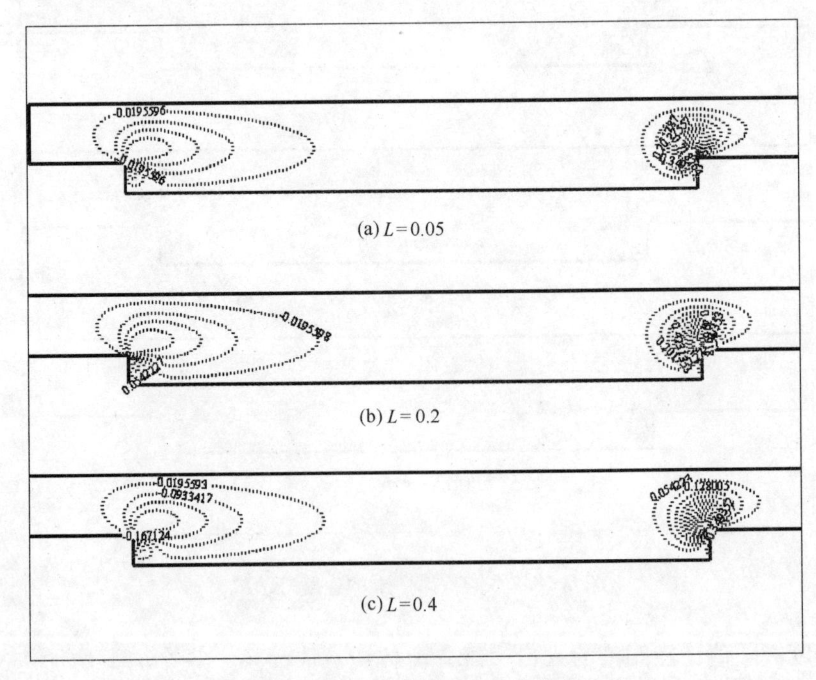

图 6.19 不同位置参数 L 下的速度等值线

凹槽织构宽度的增加，可以增大流体润滑状态下油膜动压承载，这一论断可通过图 6.20 观察到，图 6.20 为雷诺数 $Re=40$、位置参数 $L=0.3$ 时，不同凹槽宽度下的 y 向速度等值线，从图 6.20 可知，随凹槽宽度 D 的增加，凹槽出口边缘相对入口边缘，其速度等值线越来越密集，因此如上所述，其总体向上的质量加速度逐渐增大，即沿 y 的正向有一个正的合力随凹槽织构宽度 D 增加而增加，因此增加凹槽宽度，可增大油膜承载，减小摩擦系数。

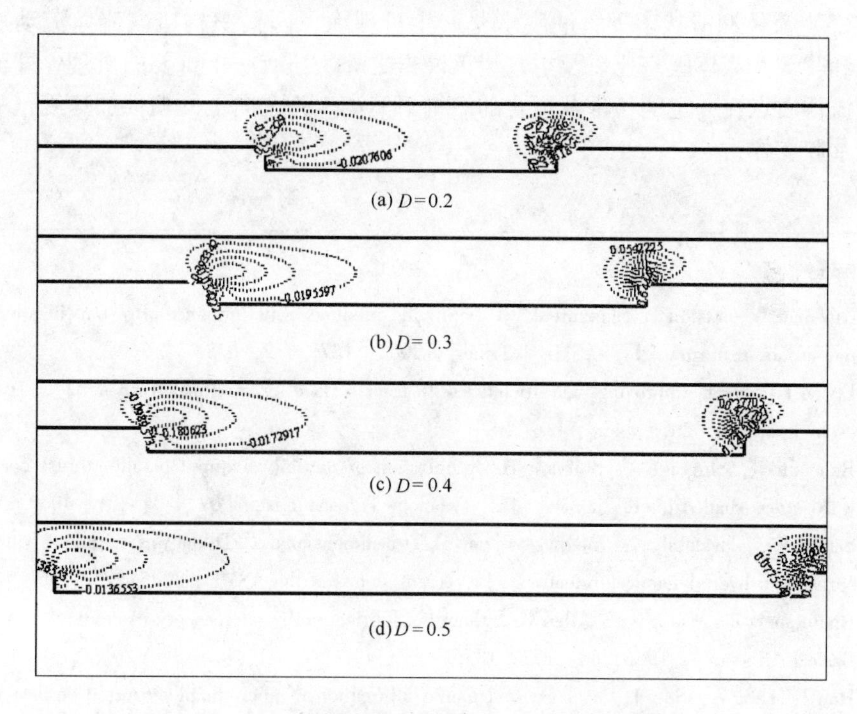

图 6.20　不同凹槽织构宽度 D 下的速度等值线

表面织构作为一种改善摩擦学性能的方法，其定义为在摩擦副表面加工出具有一定规则和排列方案的介、微观结构。虽然近年来表面织构减摩技术得到很大发展，但仍有许多关键技术有待研究和改进。本章延续前章所采用的 CFD 方法模拟研究了摩擦副表面部分表面凹槽织构化处理对摩擦学性能的影响，主要得到了以下结论：

（1）凹槽宽度 D 一定时，油膜承载随位置参数 L 的减小而增大，在雷诺数 Re 较低时表现尤为明显，如 $Re=3$，$D=0.2$ 时，L 从 0.4 减少到 0.05，油膜承载提升了 58.99%，另外，摩擦系数也得到明显改善，相同条件下，摩擦系数减少 59.1%。

（2）随雷诺数 Re 的增加，位置参数 L 对油膜承载及摩擦系数的作用逐渐减弱，如 $Re=160$，$D=0.2$ 时，L 从 0.4 减少到 0.05，油膜承载仅提升 1.886%，而摩擦系数仅减小 1.863%。

（3）动压润滑下，凹槽深度一定时，存在最优的凹槽宽度 D，其对应着最大的油膜承载，但最优 D 值在部分表面凹槽织构中受位置参数 L 及雷诺数 Re 的双重作用，而在整体表面织构中仅受雷诺数 Re 的影响。

（4）流体润滑状态下，油膜承载随雷诺数 Re 及凹槽织构宽度 D 的增加而增大。

（5）流体润滑状态下，油膜承载产生机理除了凹槽织构造成流体流动形成扩散和收敛及流体膜挤压以及空穴溃灭冲击之外，还有一个重要的机理，即流体域中流体质点在一定的条件及适合的织构下能产生一个向上的惯性加速度，从而增加油膜支撑力。

参考文献

[1] Kigerman Y, Etsion I, Shinkarenko A. Improving tribological performance of piston rings by partial surface texturing [J]. ASME J. Tribol., 2005, 127: 632 - 638.

[2] Etsion I, Sher E. Improving fuel efficiency with laser surface textured piston rings [J]. Tribology International, 2009, 42: 542 - 547.

[3] Rahmani R, Shirvani A, Shirvani H. Optimization of partially textured parallel thrust bearings with square-shaped micro-dimples [J]. Tribology Transactions, 2007, 50: 401 - 406.

[4] Sahlin F, Glavatskih S, Almqvist T, et al. Two-dimensional CFD-analysis of micro-patterned surfaces in hydrodynamic lubrication [J]. Transactions of the ASME, 2005, 127: 96 - 102.

[5] Hamilton D B, Walowit J, Allen C. A theory of lubrication by microasperities [J]. ASME J. of Basic Engineering, 1966, 88: 177 - 185.

[6] Han J, Fang L, Sun J, et al. Hydrodynamic lubrication of microdimple textured surface using three-dimensional CFD [J]. Tribology Transactions, 2010, 53: 860 - 870.

[7] Cupillard S, Cervantes M, Glavatskih S. Pressure buildup mechanism in a textured inlet of a hydrodynamic contact [J]. Transactions of the ASME, 2008, 130: 0217011 - 02170110.

[8] Suh M, Chae Y, Kim S, et al. Effect of geometrical parameters in micro-grooved crosshatch pattern under lubricated sliding friction [J]. Tribology International, 2010, 43: 1508 - 1517.

[9] Wang C, Sadeghi F, Wereley S, et al. Experimental investigation of lubricant extraction from a micropocket [J]. Tribology Transactions, 2011, 54: 404 - 416.

[10] Shi X, Ni T. Effects of groove textures on fully lubricated sliding with cavitation [J]. Tribology International, 2011, 44: 20 - 22.

[11] 张也影，流体力学 [M]. 第2版. 北京：高等教育出版社，1999.

[12] 赵运才，韩雷. 部分表面凹槽织构动压润滑性能的 CFD 分析 [J]. 中国表面工程，2013, 26 (6): 112 - 118.

7 基于求解 Reynolds 的最优织构设计模型分析

7.1 引　　言

前两章主要采用 Fluent 求解基于 N-S 方程的织构润滑计算模型，详细分析了凹槽型表面织构的非对称性，以及凹槽织构在摩擦副表面不同的排列布局对动压润滑的影响，且探讨了表面织构在动压润滑下的减摩机理，这对最优的织构减摩模型设计具有一定的指导意义。

本章将在前两章的基础上，设计一种易于加工且用目前手段容易实现的全新表面织构——矩形织构。由于采用 Fluent 求解三维凹坑类织构的 CFD 模型网格数量庞大，考虑到时间成本以及忽略流体惯性项的影响，因此利用 Visual Fortran 语言编程对流体润滑状态下表面织构的润滑数学模型（Reynolds）进行数值求解，分析传统的凹槽织构、圆柱形凹坑织构、方形凹坑织构、交叉型凹槽织构（如图 7.1 所示）的动压承载性能，并与矩形织构进行对比分析。研究发现，矩形织构存在一个表征其外形的重要设计参数，在此设计参数下，矩形织构能产生比传统织构更大的油膜动压承载。

最后，针对最优的矩形织构，分析了其在摩擦副表面加工的最优数量，提出了最优的矩形织构单元比率，提供了一套可行的摩擦副表面矩形织构排列布局方案。

7.2 基 本 理 论

润滑计算是摩擦学研究中利用数学方法求解所需结果最成功的一个应用领域，从数学角度出发，各种流体润滑计算的基本内容是对 Navier-Stokes 方程的特殊形式——雷诺方程（Reynolds）的应用以及求解[1]。

7.2.1 雷诺方程（Reynolds）

各种流体润滑问题都可归结为在狭小间隙中的流体黏性流动，为了便于利用数学方法描写这种物理现象，雷诺方程有以下四大基本假设：

（1）忽略体积力（如重力或磁力等）的作用。

（2）流体在界面上无滑移，即贴于表面的流速与表面滑移速度相同。

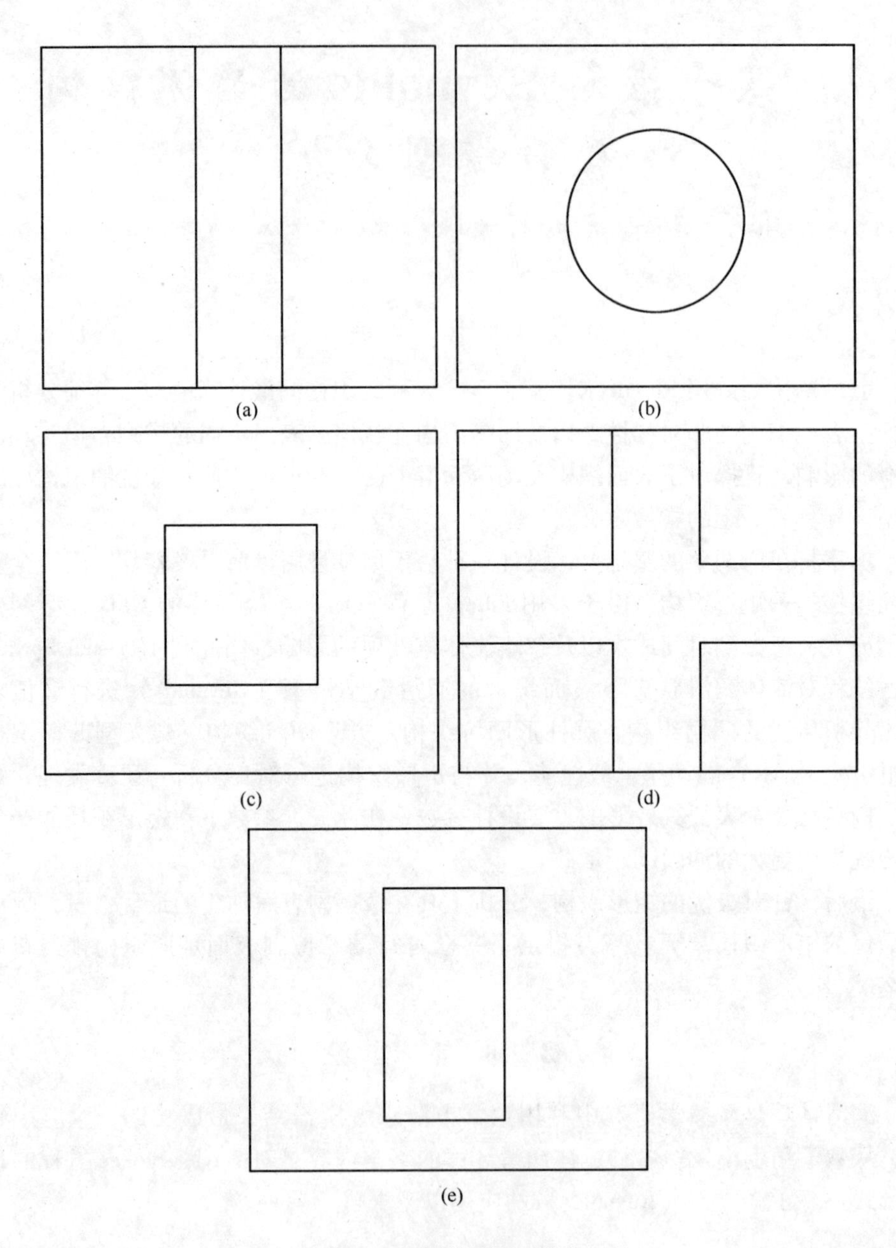

图 7.1 不同类型表面织构

（3）在沿润滑膜厚方向，不计压力变化。

（4）与油膜厚度相比，摩擦副表面的曲率半径远大于油膜曲率半径，且用平移速度代替转动速度。

基于以上基本假设，雷诺方程的普遍形式可表示为：

$$\frac{\partial}{\partial x}\left(\frac{\rho h^3}{\eta}\frac{\partial p}{\partial x}\right)+\frac{\partial}{\partial y}\left(\frac{\rho h^3}{\eta}\frac{\partial p}{\partial y}\right)=6\left[\frac{\partial}{\partial x}(U\rho h)+\frac{\partial}{\partial y}(V\rho h)+2\rho\frac{\partial h}{\partial t}\right] \tag{7.1}$$

式中，$U=U_0-U_h$；$V=V_0-V_h$。如假设流体密度不随时间变化，则$\partial\rho h/\partial t=\rho(w_h-w_0)$。方程7.1属于椭圆型偏微分方程，其仅对于特殊情况下的间隙流动才能求得解析解，而对于复杂的几何形状或工况条件下的润滑问题，往往无法用解析解方法求得其精确解。伴随计算机技术的迅猛发展，数值方法成为求解润滑问题的有效途径。

数值方法是将偏微分方程转化为代数方程组的变换方法，其变换原则主要是：将求解域划分成有限个单元，并使每一个单元充分微小，以至于各单元内的未知量依照线性变化而不会产生太大误差，通过物理分析或数学变化，将求解偏微分方程写成离散形式，即将它转换成一组线性代数方程组，根据消去法或迭代法求解代数方程组，从而求解整个求解域上的未知量。

7.2.2 雷诺方程（Reynolds）定解条件

根据边界条件及初始条件求解雷诺方程，在数学上称为初边值问题。流体润滑计算中，雷诺方程的定解条件一般情况下包括：边界条件、初始条件、连接条件。

7.2.2.1 边界条件

求解雷诺方程时，需要根据压力边界条件来确定积分常数，压力边界条件一般需要以下几种形式，即：

强制边界条件 $p|_s=0$

自然边界条件 $\left.\frac{\partial p}{\partial n}\right|_s=0$

Reynolds 边界条件 $p|_s=0$和$\left.\frac{\partial p}{\partial n}\right|_s=0$

7.2.2.2 初始条件

对于速度或载荷随时间变化的非稳态工况下的润滑问题，雷诺方程中含有挤压项，此时润滑膜厚将随时间变化，因此需要给出方程的初始条件，初始条件的一般提法如下：

初始膜厚 $h|_{t=0}=h_0(x,y,0)$

初始压力 $p|_{t=0}=p_0(x,y,0)$

如需考虑流体黏度和流体密度随时间变化，也必须给出相应的初始条件。

7.2.2.3 连接条件

对膜厚突变的情况，由于对膜厚方程在突变区域的求导数不存在等原因，需要根据情况将整个润滑区域划分成多个子区域进行求解，因此需要建立连接条件。一般情况下有压力连续连接和流量连续连接两个连接条件。假如在 x' 处发生膜厚突变，则连接条件如下：

压力连续 $p|_{x=x'-0}=p|_{x=x'+0}$

流量连续 $Q|_{x=x-0}=Q|_{x=x+0}$

7.2.3 流体润滑性能计算

流体润滑状态下，其性能参数主要包括润滑膜承载量、摩擦力、润滑剂流量等，通过求解雷诺方程得出其压力分布后，便可计算出流体润滑的性能参数。

7.2.3.1 润滑膜承载量 w 求解

在整个润滑膜区域范围内将压力 p（x，y）积分就可以得出润滑膜承载量，即

$$w = \iint p\mathrm{d}x\mathrm{d}y \tag{7.2}$$

7.2.3.2 摩擦力 f 求解

摩擦力主要由润滑膜与固体表面产生相对运动在其接触表面层形成剪切应力所产生，可使流体层中的剪切应力沿整个润滑膜范围内积分而求得。流体剪应力为：

$$\tau = \eta\frac{\partial u}{\partial z} = \frac{1}{2}\frac{\partial p}{\partial x}(2z-h) + (U_h - U_0)\frac{\eta}{h} \tag{7.3}$$

由式 7.3 求得剪应力之后，对其在 $z=0$ 和 $z=h$ 表面的剪应力分别积分，可得：

$$f_0 = \iint \tau|_{z=0}\mathrm{d}x\mathrm{d}y \tag{7.4}$$

$$f_h = \iint \tau|_{z=h}\mathrm{d}x\mathrm{d}y \tag{7.5}$$

式中 f_0，f_h——$z=0$ 和 $z=h$ 表面的摩擦力。

由以上确定摩擦力之后，进而可以确定摩擦系数 $\mu=f/w$，以及摩擦功率损失和因黏性摩擦所产生的发热量。

7.2.3.3 润滑剂流量 Q 求解

通过润滑膜边界流出的流量可以按下式计算：

$$Q_x = \int q_x\mathrm{d}y \tag{7.6}$$

$$Q_y = \int q_y\mathrm{d}x \tag{7.7}$$

将各个边界流出的流量加起来即可求得润滑剂的总流量，从而可以确定必需的供油量以保证润滑剂可以填满间隙。同时流量的大小影响对流散热的程度，根据流出流量和摩擦功率损失还可以计算润滑膜的热平衡温度。

7.2.4　雷诺方程的数值解法

雷诺方程属于二阶椭圆型偏微分方程的一种，求解偏微分方程的数值解法到目前为止有很多种，如有限元法、有限差分法、边界元法、变分形式的 Ritz-Galerkin 法、多重网格法等。目前应用最为普遍的是有限元法与有限差分法，它们都是将求解域划分成多个单元。但是处理的方法各不相同。本章采用应用最为普遍的有限差分法求解。

7.3　润滑计算模型建立及有限差分法

为了便于研究分析，如图 7.2 所示，假设两接触表面为相对运动状态，上壁面为光滑表面，以一定的速度 U 沿 x 方向滑移，下壁面为具有一定形式的织构表面，相对上表面静止；并假设每个微织构均处于一个假想的正方形控制单元内，且两表面间隙间充满润滑剂，微织构的深度为 h_p，单元长度为 L，织构的面密度为 S，取正方形控制单元为研究对象。

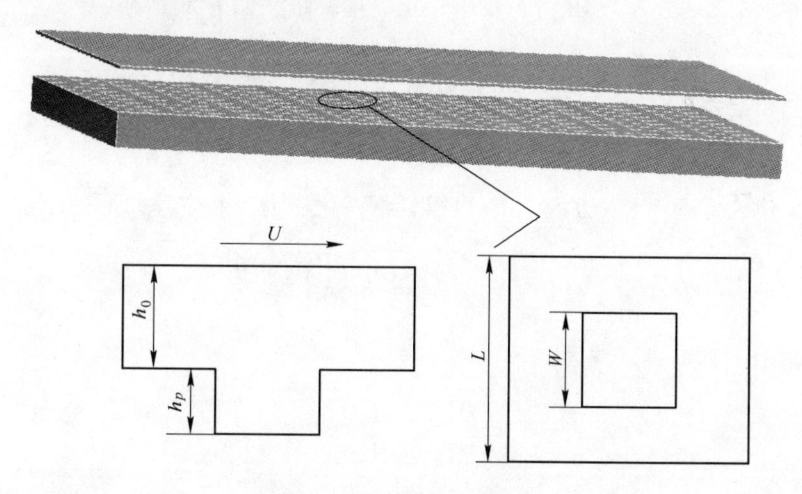

图 7.2　表面织构几何视图

7.3.1　润滑计算模型

根据雷诺方程的四大基本假设，同时根据实际情况，假设流体流动为层流、润滑剂为牛顿流体、润滑剂的黏度及密度为常数，由此建立不可压缩稳态层流条件下的压力控制方程如下：

$$\frac{\partial}{\partial x}\left(\frac{\rho h^3}{6\eta}\frac{\partial p}{\partial x}\right)+\frac{\partial}{\partial y}\left(\frac{\rho h^3}{6\eta}\frac{\partial p}{\partial y}\right)=-U\frac{\partial(\rho h)}{\partial x} \tag{7.8}$$

式中 p——润滑膜压力；

ρ——流体密度；

η——流体的动力黏度；

U——上下表面的相对速度；

h——润滑膜厚。

若控制单元的长度为 l，则其边界条件可为：

$$\begin{aligned} p|_{x=0} &= 101325 \\ p|_{x=l} &= 101325 \\ p|_{y=\pm l/2} &= 101325 \end{aligned} \tag{7.9}$$

结合图 7.2 可知润滑膜任意点的膜厚方程可表示如下：

$$h(x,y)=\begin{cases} h_0+h_p & (x,y)\in\Omega \\ h_0 & (x,y)\notin\Omega \end{cases} \tag{7.10}$$

式中 Ω——织构所占区域。

为便于参数所表示的解具有通用性，及减少求解过程中自变量和应变量的数目，对方程 7.8 ~ 方程 7.10 进行量纲一化处理。定义如下无量纲参数：

$$\begin{aligned} X=x/l,\quad Y=y/l \\ \beta=l^2/b^2,\quad H=h/h_0 \\ P=ph_0^2/6\eta Ul \end{aligned} \tag{7.11}$$

把式 7.1 代入方程 7.8 ~ 方程 7.10 可得量纲一化压力控制方程如下：

$$\frac{\partial}{\partial X}\left(H^3\frac{\partial P}{\partial X}\right)+\beta\frac{\partial}{\partial Y}\left(H^3\frac{\partial P}{\partial Y}\right)=-\frac{\partial H}{\partial X} \tag{7.12}$$

对应的量纲一化边界条件为：

$$\begin{aligned} P|_{X=0} &= 1.0 \\ P|_{X=1} &= 1.0 \\ P|_{Y=\pm\frac{1}{2}} &= 1.0 \end{aligned} \tag{7.13}$$

对应的量纲一化膜厚方程为：

$$H(X,Y)=\begin{cases} 1+\dfrac{h_p}{h_0} & (X,Y)\in\Omega \\ 1 & (X,Y)\notin\Omega \end{cases} \tag{7.14}$$

方程 7.12 ~ 方程 7.14 即为织构表面润滑计算数学模型，考虑到流体润滑成膜中的空化现象，本章将采用较为普遍的 Reynolds 空化边界条件，此边界条件考虑了乏油区的空化现象，认为压力油膜起始于最大油膜厚度的地方，结束于某一位置，此处油膜压力和压力法向梯度同时为零。

7.3.2 有限差分法

对于偏微分方程的有限差分法求解，主要包括对求解区域做网格剖分（即方程的离散），构造逼近微分方程定解问题的差分格式，以及离散后差分方程的求解。

对于偏微分方程 7.12 的离散，首先将求解区域划分成等距或者不等距的网格，如图 7.3 所示为等距网格，在 X 方向有 M 个节点，在 Y 方向有 N 个节点，总计 $M\times N$ 个节点，其网格划分的疏密程度根据计算精度要求确定。有时为提高计算精度，可在未知量变化剧烈的区段细化网格，即采用两种或几种不同间距来划分网格，或者采用按一定比例递减的分格方法。本章采用等距网格划分。

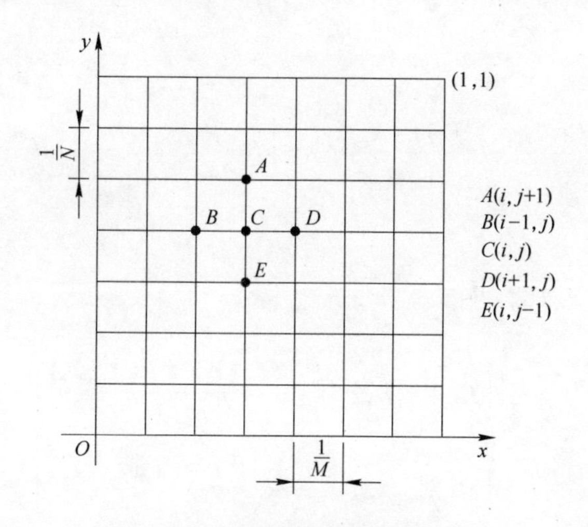

图 7.3 求解域等距网格划分

方程 7.12 中，油膜压力 P 为所求的未知量，则变量 P 在整个求解区域内的分布可用各节点 P 值来表示。将方程 7.12 在如图 7.3 内点 C 处（用点（x_i，y_j）表示）离散化，记 $h_i=x_i-x_{i-1}$，$h_j=y_j-y_{j-1}$，其中，h_i、h_j 分别为沿 x、y 方向的步长，由于求解区域为等距网格，因此沿 x、y 方向的步长相等，记 $\mathrm{d}X=\mathrm{d}Y=h_i=h_j$。对充分光滑的 P，点 $P(X_{i+1},Y_j)$、$P(X_{i-1},Y_j)$ 由 Taylor 展开式在点（x_i，y_j）处展开，有：

$$P(X_{i+1},Y_j)=P(X_i,Y_j)+\frac{\partial P(X_i,Y_j)}{\partial X}(X_{i+1}-X_i)+\frac{1}{2!}\frac{\partial^2 P(X_i,Y_j)}{\partial X^2}(X_{i+1}-X_i)^2+o(P^2) \tag{7.15}$$

$$P(X_{i-1},Y_j)=P(X_i,Y_j)+\frac{\partial P(X_i,Y_j)}{\partial X}(X_{i-1}-X_i)+\frac{1}{2!}\frac{\partial^2 P(X_i,Y_j)}{\partial X^2}(X_{i-1}-X_i)^2+o(P^2) \tag{7.16}$$

将式 7.15 减去式 7.16 可得：

$$\frac{P(X_{i+1},Y_j)-P(X_{i-1},Y_j)}{h_i+h_{i+1}}=\left[\frac{\partial P}{\partial X}\right]_i+\frac{h_{i+1}-h_i}{2}\left[\frac{\partial^2 P}{\partial X^2}\right]_i+o(P^2) \tag{7.17}$$

同理，可求得：

$$\begin{aligned}H(X_{i-1/2},Y_j)\frac{P(X_i,Y_j)-P(X_{i-1},Y_j)}{h_i}&=\left[H\frac{\partial P}{\partial X}\right]_{i-1/2}+\frac{h_i^2}{24}\left[H\frac{\partial^3 P}{\partial X^3}\right]_{i-1/2}+o(P^3)\\&=\left[H\frac{\partial P}{\partial X}\right]_{i-1/2}+\frac{h_i^2}{24}\left[H\frac{\partial^3 P}{\partial X^3}\right]_{i}+o(P^3)\end{aligned} \tag{7.18}$$

$$H(X_{i+1/2},Y_j)\frac{P(X_{i+1},Y_j)-P(X_i,Y_j)}{h_{i+1}}=\left[H\frac{\partial P}{\partial X}\right]_{i+1/2}+\frac{h_{i+1}^2}{24}\left[H\frac{\partial^3 P}{\partial X^3}\right]_{i}+o(P^3) \tag{7.19}$$

由式 7.19 减去式 7.18，并除以$\frac{h_i+h_{i+1}}{2}$，得：

$$\begin{aligned}&\frac{h_i+h_{i+1}}{2}\left[H(X_{i+1/2},Y_j)\frac{P(X_{i+1},Y_j)-P(X_i,Y_j)}{h_{i+1}}\right]-\\&\frac{h_i+h_{i+1}}{2}\left[H(X_{i-1/2},Y_j)\frac{P(X_i,Y_j)-P(X_{i-1},Y_j)}{h_i}\right]=\\&\frac{2}{h_i+h_{i+1}}\left(\left[H\frac{\partial P}{\partial X}\right]_{i+1/2}-\left[H\frac{\partial P}{\partial X}\right]_{i-1/2}\right)+\frac{h_{i+1}-h_i}{12}\left[H\frac{\partial^3 P}{\partial X^3}\right]_i+o(P^2)=\\&\left[\frac{\partial}{\partial X}\left(H\frac{\partial P}{\partial X}\right)\right]_i+\frac{h_{i+1}-h_i}{4}\left[\frac{\partial^2}{\partial X^2}\left(H\frac{\partial P}{\partial X}\right)\right]_i+\frac{h_{i+1}-h_i}{12}\left[H\frac{\partial^3 P}{\partial X^3}\right]_i+o(P^2)\end{aligned} \tag{7.20}$$

因此，在以上 Taylor 展开式中，省去无穷小量，可得出关于 x 偏导的如下差分格式：

$$\left[\frac{\partial P}{\partial X}\right]_i\approx\frac{P(X_{i+1},Y_j)-P(X_{i-1},Y_j)}{h_i+h_{i+1}}$$

$$\left[\frac{\partial}{\partial X}\left(H\frac{\partial P}{\partial X}\right)\right]_i\approx\frac{2}{h_i+h_{i+1}}\left(\left[H\frac{\partial P}{\partial X}\right]_{i+1/2}-\left[H\frac{\partial P}{\partial X}\right]_{i-1/2}\right)\approx$$

$$\frac{2}{h_i + h_{i+1}} H(X_{i+1/2}, Y_j) \frac{P(X_{i+1}, Y_j) - P(X_i, Y_j)}{h_{i+1}} -$$

$$\frac{2}{h_i + h_{i+1}} H(X_{i-1/2}, Y_j) \frac{P(X_i, Y_j) - P(X_{i-1}, Y_j)}{h_i} \tag{7.21}$$

同理，可得出油膜压力 P 关于 y 方向偏导的差分格式如下：

$$\left[\frac{\partial P}{\partial Y}\right]_j \approx \frac{P(X_i, Y_{j+1}) - P(X_i, Y_{j-1})}{h_j + h_{j+1}}$$

$$\left[\frac{\partial}{\partial Y}\left(H\frac{\partial P}{\partial Y}\right)\right]_j \approx \frac{2}{h_j + h_{j+1}} H(X_i, Y_{j+1/2}) \frac{P(X_i, Y_{j+1}) - P(X_i, Y_j)}{h_{j+1}} -$$

$$\frac{2}{h_j + h_{j+1}} H(X_i, Y_{j-1/2}) \frac{P(X_i, Y_j) - P(X_i, Y_{j-1})}{h_j} \tag{7.22}$$

润滑膜厚 H 关于 x 的偏导数的差分格式如下：

$$\left[\frac{\partial H}{\partial X}\right]_i \approx \frac{H(X_{i+1}, Y_j) - H(X_{i-1}, Y_j)}{h_i + h_{i+1}} \tag{7.23}$$

为了便于书写，记 $H(X_i, Y_j) = H_{i,j}, P(X_i, Y_j) = P_{i,j}$。将式 7.21 ~ 式 7.23 代入方程 7.8，可得出织构润滑计算压力控制方程的差分格式如下：

$$\frac{H^3_{i+1/2,j}P_{i+1,j} - (H^3_{i+1/2,j} + H^3_{i-1/2,j})P_{i,j} + H^3_{i-1/2,j}P_{i-1,j}}{\mathrm{d}X^2} +$$

$$\beta\frac{H^3_{i,j+1/2}P_{i,j+1} - (H^3_{i,j+1/2} + H^3_{i,j-1/2})P_{i,j} + H^3_{i,j-1/2}P_{i,j-1}}{\mathrm{d}Y^2} = \frac{H_{i+1,j} - H_{i-1,j}}{2\mathrm{d}X} \tag{7.24}$$

或者也可写成易于编写计算机程序的格式如下：

$$P_{i,j} = \left(\frac{\mathrm{d}X(H_{i+1,j} - H_{i-1,j})}{2} + H^3_{i+1/2,j}P_{i+1,j} + H^3_{i-1/2,j}P_{i-1,j} + \right.$$

$$\left.\beta\frac{\mathrm{d}X^2}{\mathrm{d}Y^2}(H^3_{i,j+1/2}P_{i,j+1} + H^3_{i,j-1/2}P_{i,j-1})\right) \Big/$$

$$H^3_{i+1/2,j} + H^3_{i-1/2,j} + \beta\left(\frac{\mathrm{d}X}{\mathrm{d}Y}\right)^2(H^3_{i,j+1/2} + H^3_{i,j-1/2}) \tag{7.25}$$

式 7.24 或者式 7.25 即为本章所求解的织构表面润滑计算模型的计算公式。

7.4 织构几何参数表征

表面织构在近年来作为一种改善摩擦学性能的方法备受关注，已有一些可行的表面织构图案在现今工业领域已得到实际应用。加工简单且成本较低的传统经典表面织构有凹槽类织构及凹坑类织构两大类型，本章将主要分析传统的凹槽类织构、方形凹坑织构、圆柱形凹坑织构（如图 7.1 所示）在动压润滑下的承载性能，并与本章所提出的矩形织构进行对比，从而验证在摩擦副表面设计矩形织构的可行性及其优点。传统的凹槽类织构织构设计参数主要利用其宽度以及深度来表征，如图 7.4 所示，定义 $h = h_p/h_0$ 表征凹槽类织构深度，$w = w_0/l$ 表征凹槽类织构宽度，l 为控制单元长度。凹坑类织构主要把面密度及凹坑深度作为主要设计参数，如图 7.5 所示为圆柱形凹坑，定义面密度为织构在控制单元内所占面积与控制单元面积之比，如圆柱形织构面积比率 $S = \pi r^2/l^2$，$h = h_p/h_0$ 表征凹坑织构深度。

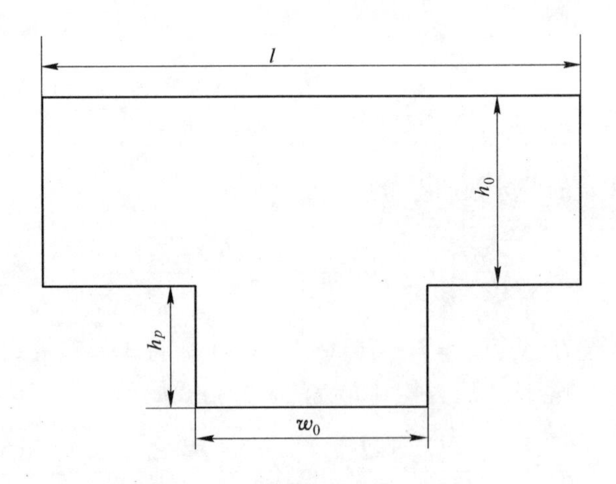

图 7.4　凹槽类织构几何模型

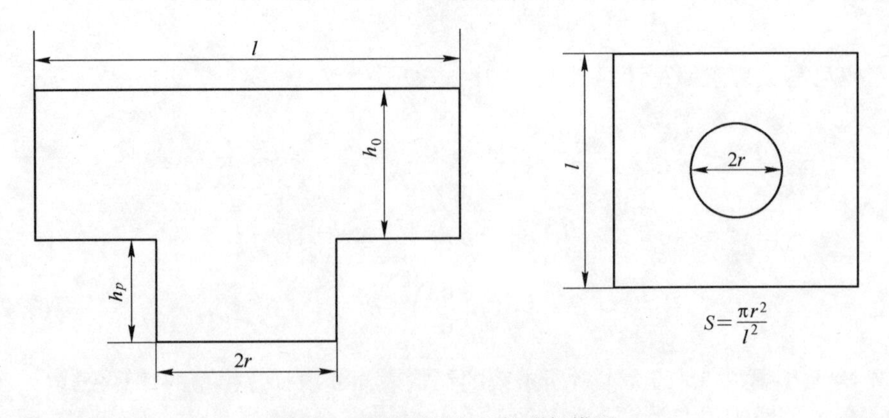

图 7.5　圆柱形凹坑织构几何模型

本章所提矩形织构其设计参数表征如图 7.6 所示，定义 l 为控制单元的长度，沿 x 方向为矩形织构的宽度，用 $w = w_0/l$ 表示，沿 y 方向定义为矩形织构的长度方向，利用参数 c 表示矩形织构的长度与控制单元长度之比，即 $c=d/l$。

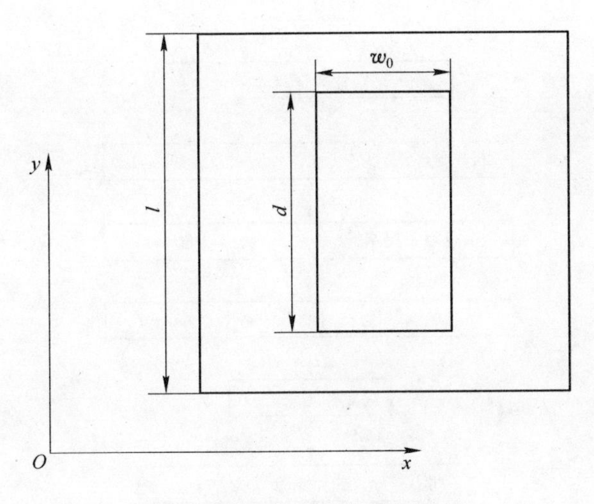

图 7.6 矩形凹坑织构几何模型

7.5 基于有限差分法的计算模型求解流程图

本章利用 Visual Fortran 语言编程求解了基于 Reynolds 的织构化表面动压润滑性能，润滑计算程序包含三大块：压力计算子程序、不同类型织构下膜厚子程序以及单元内不同织构数量膜厚子程序。其程序计算流程如图 7.7 所示。

7.6 Reynolds 方程的有效性

雷诺方程（Reynolds）属于 Navier-Stokes 方程（N-S）的一种特殊形式，利用 N-S 方程求解流体润滑问题时，考虑了流体流动的惯性项，而 Reynolds 方程则忽略了流体惯性项的影响，因此在惯性项影响较低时可以采用求解雷诺方程来计算动压润滑性能。本节对一个简单的二维单凹槽织构几何模型（平面图如 7.4 所示）的压力分布进行了计算，计算参数设 $w=0.4$，$h=0.5$。分别采用商业软件 Fluent 和 Fortran 语言编程求解了基于二维 N-S 方程和一维 Reynolds 方程的织构润滑计算模型。

计算结果如图 7.8 所示，图 7.8 显示了雷诺数分别为 3 和 40 时，利用商业软件 Fluent 求解基于二维 N-S 方程和利用 Fortran 语言编程求解一维 Reynolds 方程时得到的压力分布曲线。流体惯性项主要由雷诺数决定，其次表面形貌也会对其造成一定的影响。如图 7.8（a）所示，当雷诺数为 3 时，即流体流动的惯性项影响较低时，求解 N-S 方程和求解 Reynolds 方程所得到的结果基本吻合，随雷诺数的增大，如图 7.8（b）所示，雷诺数为 40 时，求解 N-S 方程和求解 Reyn-

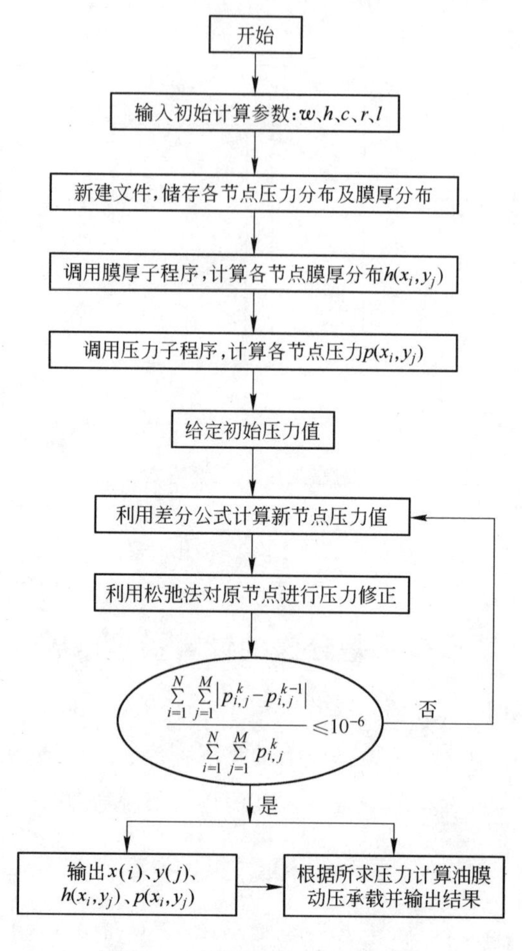

图 7.7　雷诺方程求解计算流程

olds 方程所得到的结果相差较大。从第三章对商业软件 Fluent 求解基于 N-S 方程计算模型的验证可知其具有一定的准确性，因此，当流体流动的惯性项影响较大时，应当采用基于 N-S 方程的润滑计算模型，当流体流动惯性项影响较小时，为简化计算量可以选择求解 Reynolds 润滑计算方程。

基于以上分析，本章后续部分对表面织构润滑性能的探讨采用基于求解 Reynolds 方程的方法且在低雷诺数下进行。

7.7　网格收敛性分析

利用有限差分法求解雷诺方程时，网格划分是其关键的一步，网格质量的好坏直接影响计算结果的精度以及其可行性。本章对三维表面织构几何模型的润滑性能进行分析，即求解二维雷诺方程。采用等距节点划分，沿 x、y 方向划分为

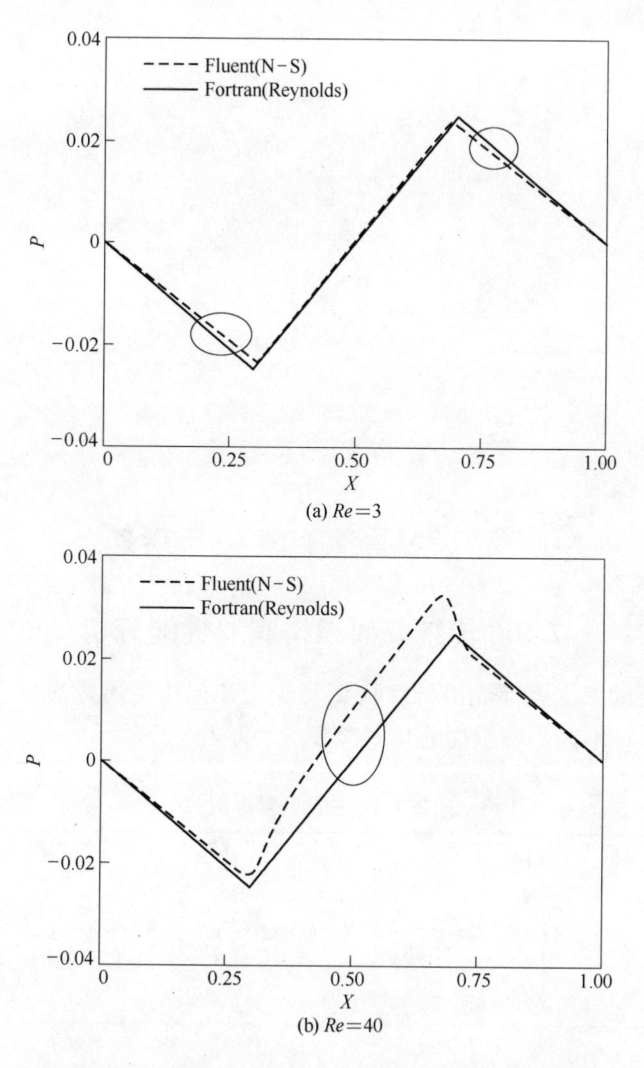

(a) $Re=3$

(b) $Re=40$

图 7.8 基于 N-S 方程和 Reynolds 方程下的上表面压力分布

200×200、300×300、400×400 三种不同网格节点数的网格。图 7.9 所示为不同网格密度下计算结果的误差分析，当网格密度从 200×200 增加到 300×300，其计算结果误差在（0.04，0.08）内，也说明计算结果有较好的一致性。当网格密度进一步增加，从 300×300 增加到 400×400 时，其计算结果误差进一步下降，在 0.04 以下，说明随网格密度的增加，计算结果误差减小，因此表明本章针对的润滑计算模型求解时划分的网格是收敛的。

基于以上网格收敛性分析，同时考虑到计算成本以及时间成本，本章采用的网格密度为 200×200。

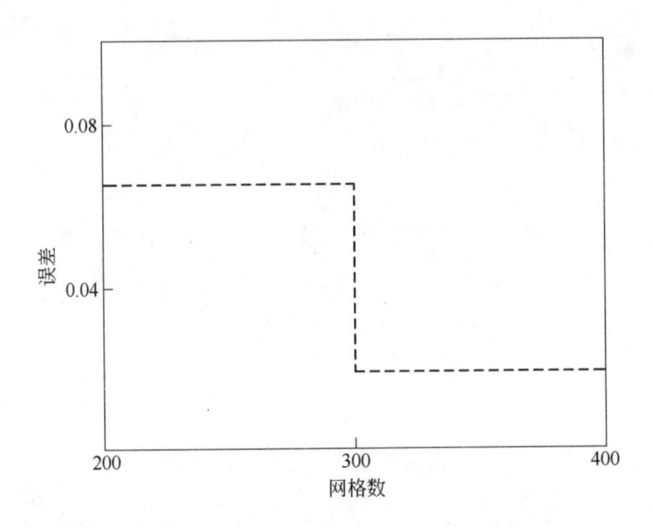

图 7.9　不同网格密度对计算结果的影响

7.8　传统表面织构润滑性能分析

基于以上的织构表面润滑计算模型及织构几何模型参数表征，初始计算参数——用以表征不同类型织构的几何参数，如表 7.1 所示。

表 7.1　初始计算参数

$$c=d/l=\begin{cases}0.1\\0.3\\0.6\\0.8\\1.0\end{cases}\quad 2r=2r_0/l=\begin{cases}0.2\\0.4\\0.6\\0.8\\1.0\end{cases}\quad w=w_0/l=\begin{cases}0.2\\0.4\\0.6\\0.8\end{cases}\quad h=h_r/h_0=\begin{cases}0.3\\0.5\\0.7\\1.0\end{cases}$$

7.8.1　织构的最优深度

传统的经典表面织构，如凹槽形织构、方形织构、圆柱形织构，不仅加工简单，成本较低，且对其几何参数的设计也比较容易，对于凹槽形织构只需确定其最优的深度和宽度即可，而对于方形及圆柱形凹坑织构只需确定其最优深度以及面密度即可。在对表面织构进行设计时，要善于发现哪些是织构的关键参数，在此参数下尽可能地提高其摩擦学性能。Suh 等[2]在对交叉型织构进行润滑性能分析时总结了目前国际上发表的相关文献，给出了多数文献在研究表面织构时使用的关键参数，其中织构的深度、宽度以及面密度被认为是最重要的设计研究参数。

合适的表面织构不仅可以加强间隙间润滑膜厚[3]，且能改变或促进某一润滑状态的转变[4]。图 7.10 所示为凹槽织构（宽度 $w=0.2$、0.4）、方形织构（面密度 $S_s=0.04$、0.16）、圆柱形织构（面密度 $S_c=0.0314$、0.1256）下油膜承载随不同的织构深度变化曲线。从图 7.10 中可知，每条油膜承载曲线变化都是随织构深度的增加先增加后减小，说明每条曲线上有一个最优的织构深度值，其对应着最大的油膜承载。仔细观察图 7.10 可发现，不同类型织构的最优深度值基本上保持在 0.5 ~ 0.7 之间，这一结论与文献［8］所得结论基本一致，且 Han 等[11]利用商业软件求解基于三维 N-S 方程的表面织构润滑计算模型时也得出类似的结论。

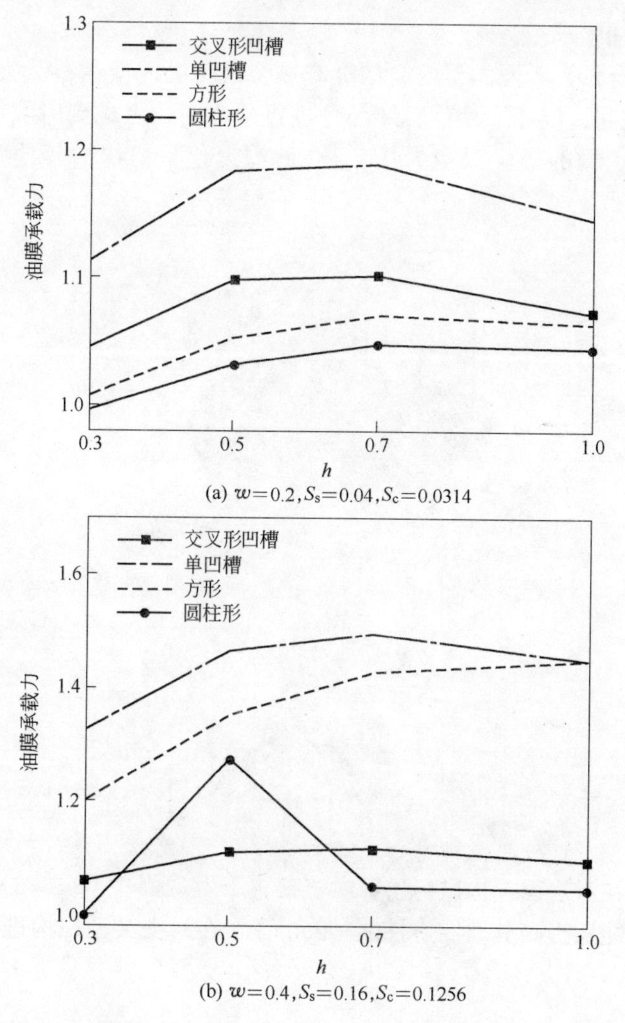

图 7.10 交叉形凹槽、单凹槽、方形、圆柱形织构随其深度变化的油膜承载

流体润滑状态下，表面织构之所以能够起到增加动压承载的作用，其主要原因是表面织构的存在能够引起润滑油流动流场的变化，使其形成具有非对称分布的压力场，从而产生额外的净压力增加油膜承载，这一点在第 5 章研究非对织构油膜承载性能时已得到详细的分析，在此仅对几个具有代表性的织构深度下的压力场分布进行简单的描述。由以上结论可知，不同类型织构的最优深度在 0.5 ~ 0.7 之间，因此取织构深度 $h=0.5$ 和 $h=0.3$ 进行了比较。如图 7.11 所示，分别为单凹槽织构（$w=0.4$）、方形织构（$S_s=0.16$）、圆柱形织构（$S_c=0.1256$）在深度 $h=0.5$ 和 0.3 时的上壁面压力分布。通过比较图 7.11(a)、(b)，图 7.11(c)、(d)，图 7.11(e)、(f) 可知，在最优织构深度为 0.5 时产生的上壁面压力分布其非对称性明显比织构深度为 0.3 时要大，因此能够形成较大的净压力，从而产生更大的油膜承载。

通过以上分析，不同类型的织构都有一个最优的深度值，其大小基本相近，在 0.5 ~ 0.7 之间，因此，在对后续部分进行研究时，考虑到时间成本及无意义的重复，确定织构的最优深度为 0.5，在此深度值下对织构其他关键参数进行研究。

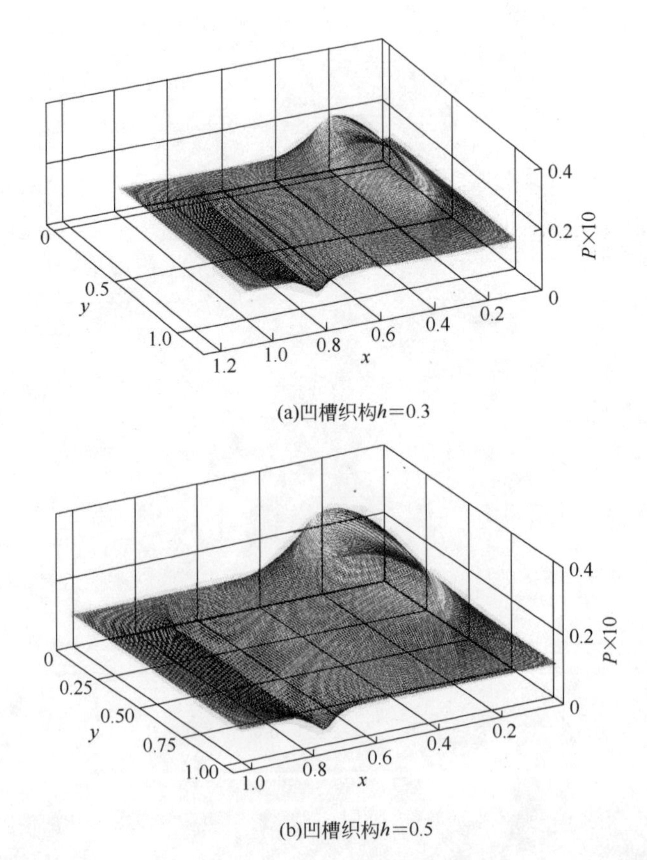

(a)凹槽织构 $h=0.3$

(b)凹槽织构 $h=0.5$

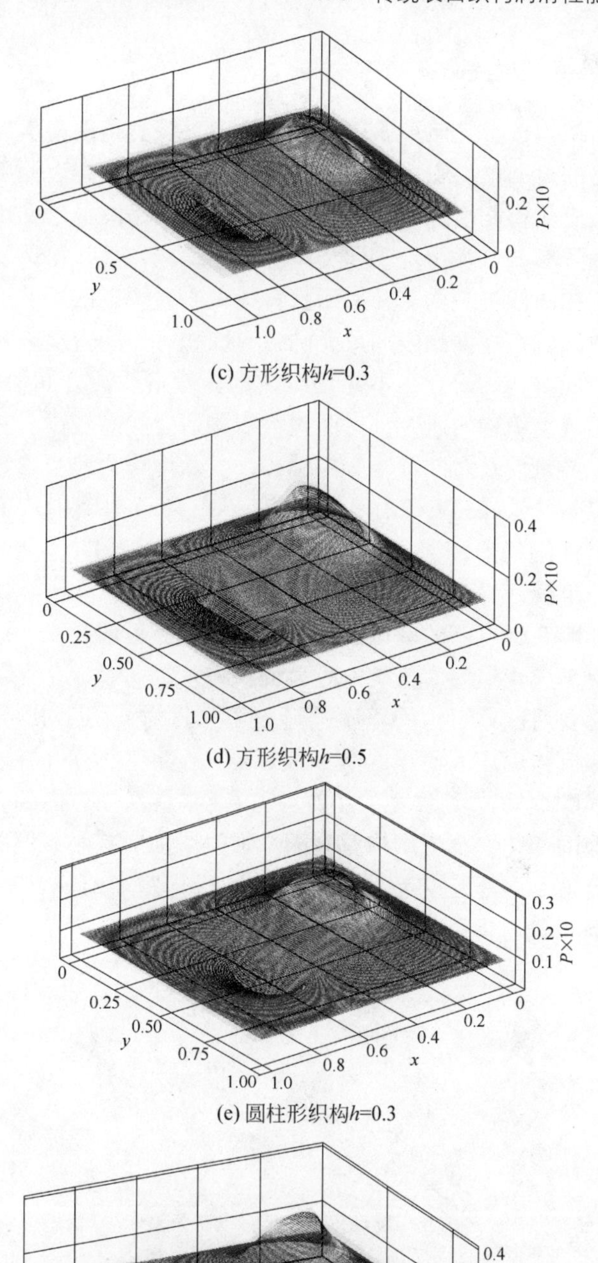

(c) 方形织构h=0.3

(d) 方形织构h=0.5

(e) 圆柱形织构h=0.3

(f) 圆柱形织构h=0.5

图 7.11 不同类型织构的上壁面压力分布

7.8.2　织构的最优宽度及面密度

传统的表面织构按其几何形状可划分成两类，一类是凹槽类织构，另一类是凹坑类织构。目前对凹槽类织构研究比较多的主要是摩擦副表面呈周期性排列的单凹槽织构以及交叉型凹槽织构；而凹坑类织构主要是圆柱形凹坑织构、正方形凹坑织构以及椭圆形凹坑织构。不同类型的表面织构，其几何形状特征大小的表征也不尽相同，如凹槽类织构其几何形状特征大小主要以凹槽宽度来表征，而凹坑类织构主要由凹坑在摩擦副表面单元的占有面积，即面密度来表征。

目前，对表面织构的研究，不论是流体动压润滑、混合润滑或者边界润滑，大多是基于对凹坑类织构的研究，对凹槽类织构研究相对较少。相关文献报道凹槽类织构时，主要是涉及对凹槽的方向性以及其深度作为研究参数进行分析，对其宽度主要是以经验选择一两个作为固定值。如 Yuan 等[5] 对表面凹槽织构的排列方向做了一个详细的研究，在固定凹槽宽度在 100μm 时，指出垂直滑动方向的凹槽布局能产生最好的摩擦学性能。虽然有部分学者[6,7] 已经指出凹坑类织构比凹槽类织构能够获得更好的动压润滑效果，但是到目前为止，凹槽类织构由于其低加工成本仍是应用最为广泛的一种表面织构形式。

因此，有必要对凹槽织构的宽度进行分析和探讨，图 7.12 为三种不同形式的凹槽类织构在流体动压润滑下，其油膜承载随宽度变化的曲线，从图 7.12 中可知，交叉形式的织构（交叉角度为 90°）以及垂直滑动方向的普通的单凹槽织构都表现出类似的变化，都随织构宽度的增加先增加后减小，但它们对应的最大油膜承载的宽度值不一样，交叉形织构对应的最优宽度值 $w=0.4$，单凹槽织构 $w=0.6$，而平行滑动方向的凹槽织构不受其宽度的影响。

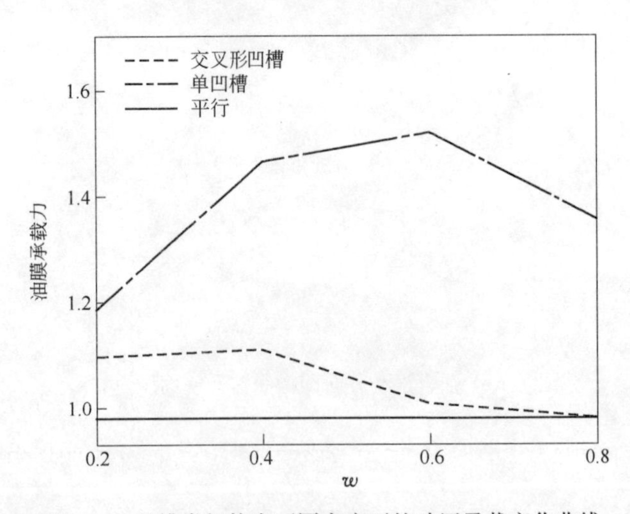

图 7.12　凹槽类织构在不同宽度下的动压承载变化曲线

虽然有学者[8]对垂直滑动方向的单凹槽织构也做过类似的研究，且指出在流体动压润滑下，油膜承载随织构宽度的增加而增加，但其所针对的凹槽宽度仅限于0~0.5之间，对于织构宽度大于0.5的情况没有给以考虑。因此以上对凹槽宽度的分析和以前发表过的文献不矛盾。

对于凹槽织构存在最优的宽度，其动压润滑机理和最优织构深度类似，合适的织构宽度下，能够形成更加强烈的非对性流场压力分布。图7.13所示为垂直滑动方向的单凹槽织构分别在其宽度 $w=0.2$ 和0.6时上壁面压力分布，从图7.13中可以清楚地看出，在织构宽度为最优值0.6时，其产生的非对称性流场压力分布明显比其他织构宽度要大，因此在织构宽度 $w=0.6$ 时能够产生更大的油膜承载。

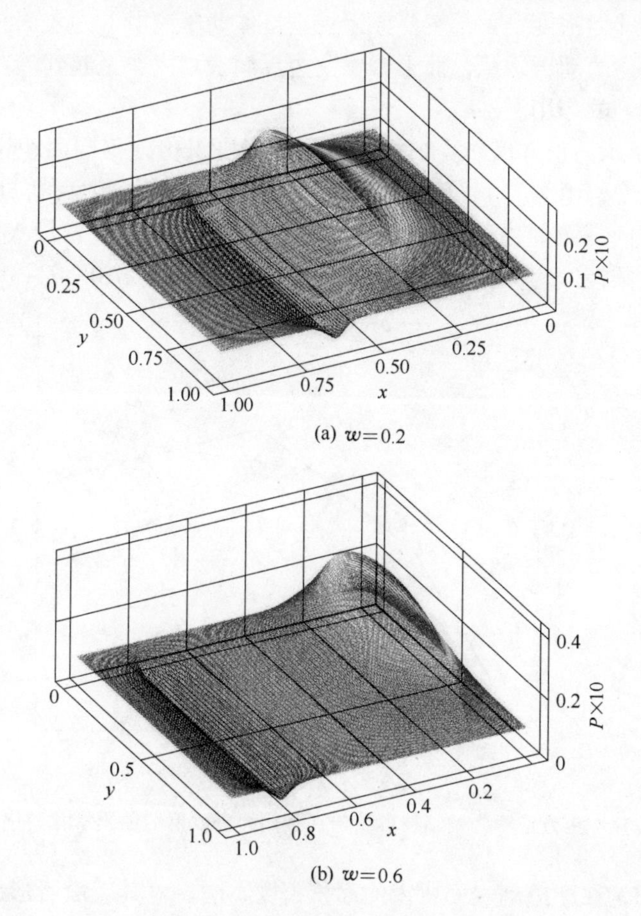

(a) $w=0.2$

(b) $w=0.6$

图7.13　垂直滑动方向凹槽织构上壁面压力分布

本章研究的凹坑类织构，包括正方形凹坑织构和圆柱形凹坑织构，其几何形状的特征大小主要由其深度及面密度表征，从前面的分析可知，面密度是研究凹坑类织构时的一个关键性参数。不论在何种润滑状态下，都存在最优的面密度，对应着最优的摩擦学性能，然而，最优面密度的大小和织构的最优深度不同，其大小视具体的工况而定。不同的工况下，最优面密度大小不尽相同，如 Cho 等[9]在聚甲醛（POM）材料表面加工织构，利用 pin-on-disk 摩擦磨损试验机测试其摩擦学性能，得出最优的织构密度为 0.1，同时还指出最优的织构密度是与滑移状况、材料以及加工方法有关的。而 Hu 等[10]在对织构化钛合金表面具有自润滑涂层的条件下对其摩擦性能进行研究时，指出干摩擦下织构的最优密度在 0.23 时表现出最好的摩擦性能。

因此，对表面织构设计中织构面密度的确定应视具体情况而定，没有统一标准可寻。对于流体动压润滑下，凹坑类织构最优的面密度比处在边界润滑、干摩擦条件下的最优面密度要大，主要原因在于流体动压润滑下的表面织构主要是为了增加润滑流体的动压承载，而干摩擦及边界润滑则主要是起到储存磨损碎片及储存微量润滑剂的作用。

图 7.14 所示为正方形凹坑织构和圆柱形凹坑织构在不同面积密度下其油膜承载的变化曲线，由图 7.14 可知，正方形凹坑织构在面密度为 0.36 时，对应着最大的油膜承载，而圆柱形凹坑在面密度为 0.5024 时对应着最大的油膜承载。因此正方形及圆柱形凹坑织构的最优面密度分别为 0.36 和 0.5024。

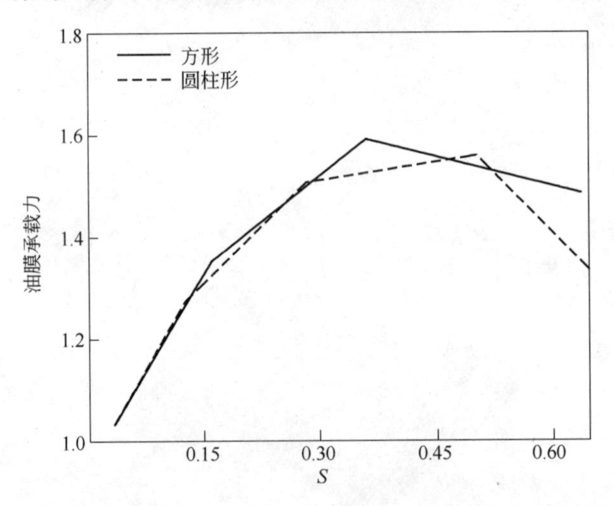

图 7.14　正方形织构及圆柱形织构在不同面密度下的油膜承载变化曲线

凹坑类织构在摩擦副表面所占的面积密度不同，对其表面所形成的流场压力分布也不同。图 7.15 所示为正方形凹坑织构和圆柱形凹坑织构在不同面密度下的上壁面压力分布。对比图 7.15(a)、(b) 可知，正方形凹坑织构面密度 0.36 比面密度 0.04 能产生更强的非对称流场压力分布，即能产生更大的油膜承载力，类似地，对比图 7.15(c)、(d) 可知，圆柱形凹坑织构面密度在 0.2826 时比面度 0.0314 时能产生更大的油膜承载。

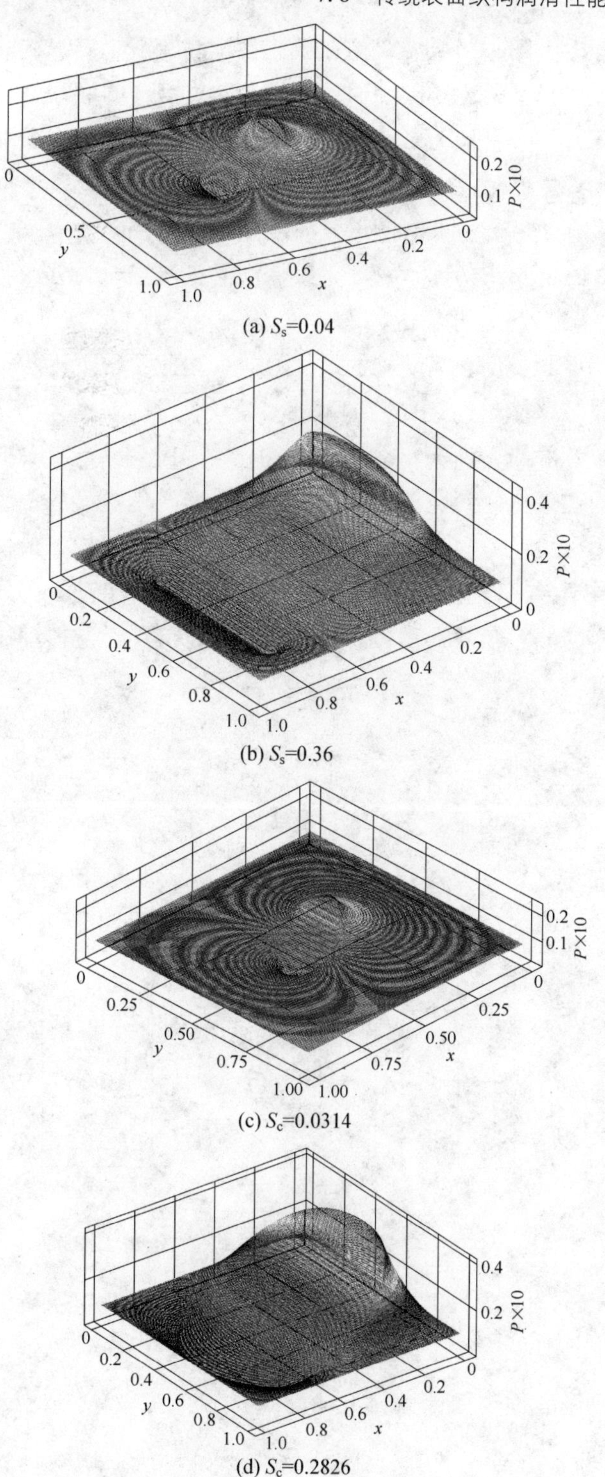

(a) S_s=0.04

(b) S_s=0.36

(c) S_c=0.0314

(d) S_c=0.2826

图 7.15 正方形织构及圆柱形织构在不同面密度下的上壁面压力分布

通过以上分析可知，凹坑类织构在流体动压润滑下，其织构的最优密度之所以能对应最大的油膜承载，是因为通过改变凹坑类织构的面密度可改变摩擦副表面润滑剂流场压力分布，从而影响油膜承载。织构面密度的改变引起摩擦副表面摩擦特性的变化，虽然除改变其流场压力分布外，还有一些其他润滑机理，如储存润滑剂，使接触区域产生二次润滑效果以及储存磨损碎片等，但在流体动压润滑下，通过改变凹坑类织构面积密度来改变润滑剂流场压力分布，从而改变油膜承载是提升其摩擦学性能的主要机理。

以上探讨了不同类型表面织构的最优参数，在此参数下，各类型织构能产生最大的油膜承载，即能达到最良好的减摩性能。如图 7. 16 所示，总结了各类型织构在最优参数下的最大油膜承载，对比图 7. 16 中不同类型织构的油膜承载可知，正方形织构在最优的参数下比其他类型织构能产生更大的油膜承载，其次是圆柱形织构和垂直滑动方向的单凹槽织构。这三种类型织构在最优参数下产生的最大油膜值相差不大，但是却比交叉形凹槽织构、平行滑动方向的凹槽织构以及无织构表面产生的油膜承载大得多。因此，在设计应用于流体动压润滑下的织构化表面时，应首先考虑此三种类型的表面织构。

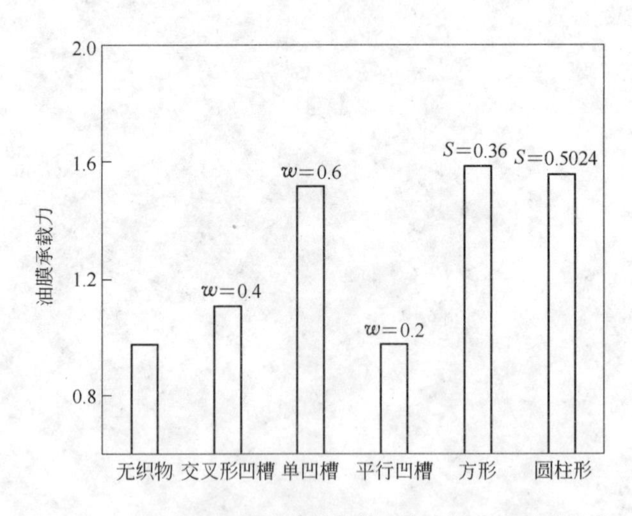

图 7. 16　不同类型织构在其最优值下产生的最大油膜承载

7.9　矩形凹坑织构的提出

通过分析传统表面织构（垂直滑动方向的凹槽织构、平行滑动方向的凹槽织构、交叉形凹槽织构、正方形凹坑织构、圆柱形凹坑织构）的动压润滑性能可知，正方形凹坑织构能比其他类型织构产生更加良好的动压润滑性能，其次是圆柱形织构和垂直滑动方向的凹槽织构。因此结合正方织构和凹槽织构，提出一种全新的织构，即矩形织构（如图7.6所示），控制单元长度为l，沿x方向为矩形织构的宽度，利用无量纲参数w表示，$w=w_0/l$，沿y方向表示为矩形织构的长度，利用无量纲参数c表示，$c=d/l$。

矩形织构的几何形状主要由其长度和宽度决定，因此通过考察矩形织构的不同长度和宽度研究其动压润滑性能，并与前面所分析的传统类型表面织构进行了对比，矩形织构的深度依据前面分析固定其大小为$0.5h_0$，其初始计算参数可参考表7.1。

7.9.1　最优宽度确定

在确定矩形织构深度的基础上，只要确定其宽度和长度，就可以确定出矩形凹坑织构的加工几何形状。图7.17所示为矩形凹坑织构在不同长度下油膜承载随其宽度的变化曲线，从图7.18中可知，不同长度的矩形织构都存在其最优的宽度值，且最优宽度值不受其长度的影响，大小为$w=0.6$。

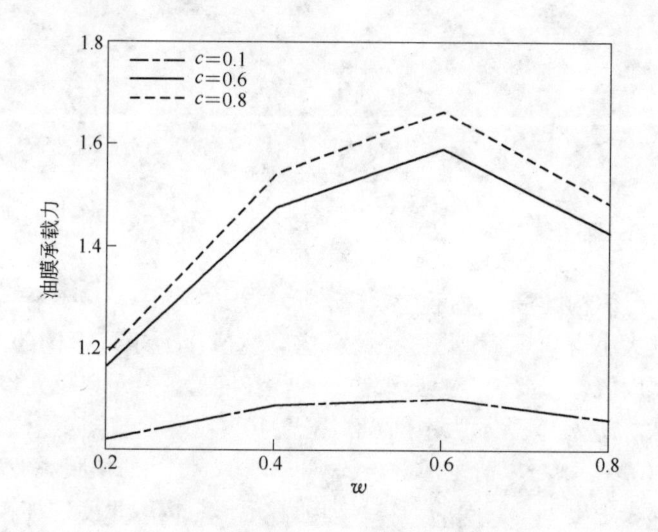

图7.17　矩形织构几何模型及参数表征

与垂直滑动方向的凹槽织构相比，矩形织构的最优宽度值大小与其类似，因此矩形织构的宽度影响其油膜动压承载的机理与凹槽织构类似，也是对其压力场的分布造成一定的影响。矩形凹坑织构在动压润滑下流场压力分布如图7.18所示。从图7.18可知，矩形凹坑织构在其宽度为0.6时能产生更强烈的非对称流场压力分布，从而导致更大的油膜承载。

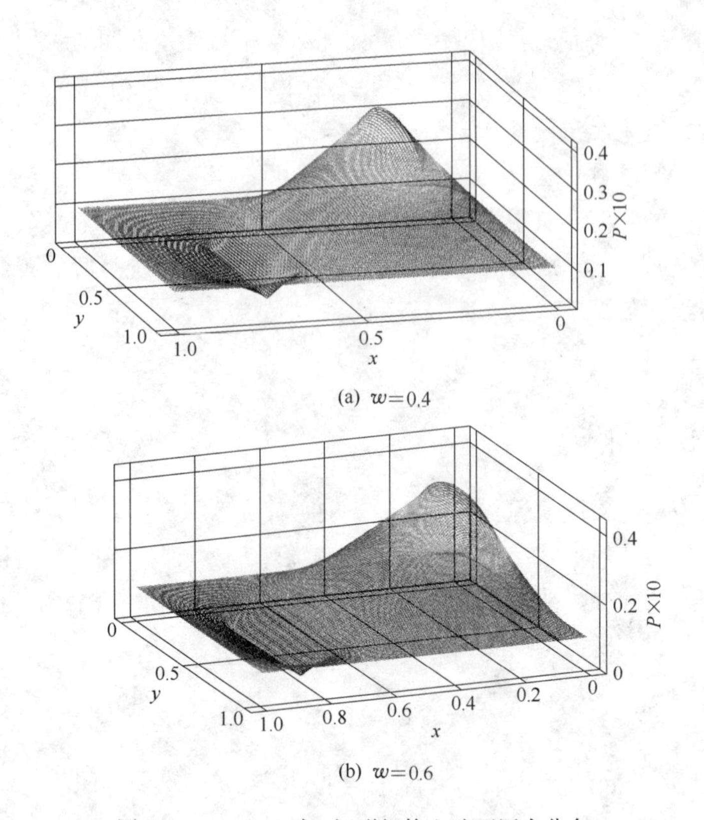

(a) $w=0.4$

(b) $w=0.6$

图 7.18　$c=0.6$ 时，矩形织构上壁面压力分布

7.9.2　最优长度确定

以上对矩形织构的最优宽度进行了分析，指出在不同长度下有一个共同的宽度最优值，其大小为 0.6，因此可把此最优宽度值作为矩形织构的通用设计值。基于此最优宽度值，只要确定矩形织构的最优长度值，就可以确定摩擦副表面织构的几何形状。图 7.19 所示为不同织构宽度下，油膜承载随矩形织构长度的变化曲线。从图 7.19 中可以清楚地看出，不同织构宽度下的油膜承载/矩形织构长度关系曲线都表现出一个共同的趋势，即随着矩形织构的长度增加，油膜承载表现出先增大后减小的变化形式。

因此，矩形织构的长度和宽度一样，有最优值存在，从图 7.19 可知，当矩形织构的长度在 0.8 时，不同宽度下的曲线在 0.8 上都对应着最大的油膜承载，由此说明矩形织构的最优长度值为 0.8。动压润滑下，矩形织构的最优长度值与其他长度值下的油膜上壁面压力分布如图 7.20 所示，从图中可知，矩形织构的长度值对上壁面压力分布的影响同织构深度和宽度类似，都是通过影响油膜压力分布的对称性来改变其对油膜承载的大小的影响。当矩形织构的长度为最优值

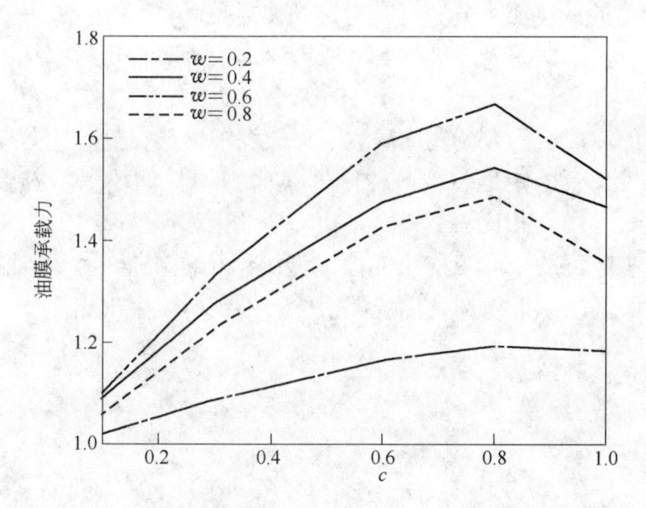

图 7.19 不同织构宽度下油膜承载随织构长度的变化曲线

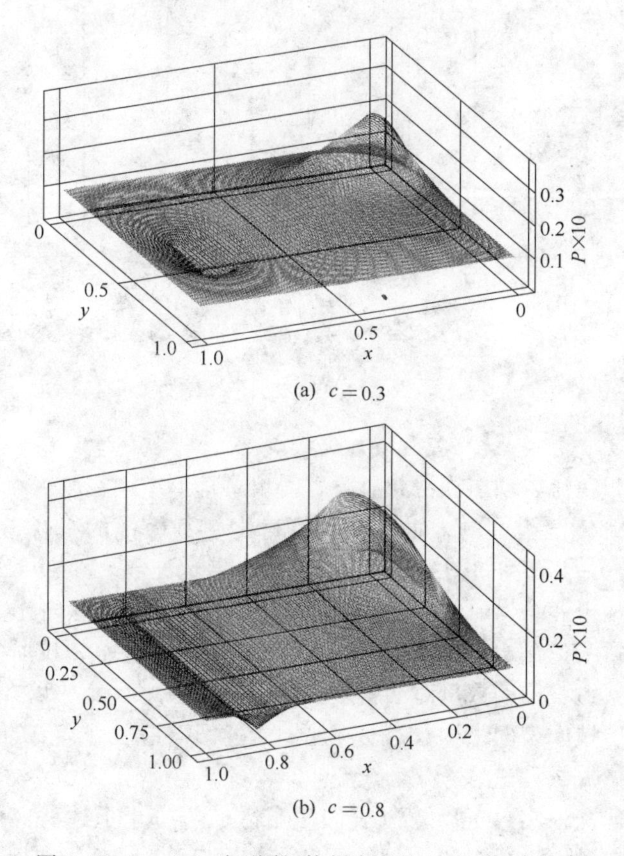

图 7.20 $w=0.6$ 时不同织构长度下的上壁面压力分布

$c=0.8$ 时，产生的流场压力分布，其对称性明显比 $c=0.3$ 时大。

综上分析，在摩擦副表面进行表面矩形织构处理时，矩形织构有最优的设计参数组合，其组合参数为 $c=0.8$，$w=0.6$，$h=0.5\sim0.7$. 在此组合参数下，摩擦副表面加工的矩形织构在流体动压润滑下能发挥出最良好的摩擦学性能。基于最优组合参数设计下的矩形织构与传统的表面织构（凹槽织构、圆柱形凹坑织构、正方形凹坑织构）相比，其提升动压润滑效果如图 7.21 所示。从图 7.22 可知，最优组合参数下的矩形织构比其他类型的织构能产生更大的油膜动压承载，即最优组合参数下的矩形织构比传统类型的表面织构能表现出更加良好的摩擦学性能。

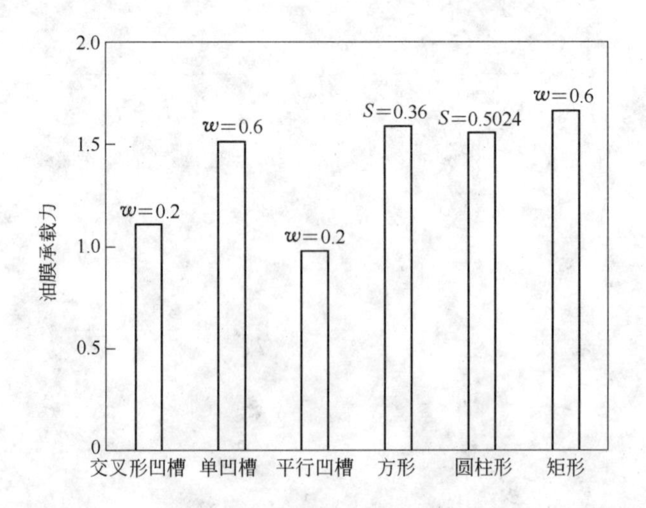

图 7.21　最优设计参数下的矩形织构与其他类型织构在其最优参数下的油膜承载

7.9.3　织构数量的影响

如上分析，在流体动压润滑状态下，得出了矩形织构在改善摩擦副表面摩擦学性能方面优于传统类型的表面织构，且得出了其最优的组合参数为 $c=0.8$，$w=0.6$，$h=0.5\sim0.7$，如图 7.22 所示，其中参数 $w=w_0/l$ 表示矩形织构的宽度，$c=d/l$ 表示矩形织构的长度，h 表示织构深度与润滑膜厚之比。

结合第一章绪论部分，从目前国内外针对摩擦学这一领域所发表的文献可知，鲜有文献报道织构的数量对油膜承载的影响。因此，针对摩擦副表面固定一区域，研究此区域内表面织构数量对动压润滑的影响是很有必要的，且可为完善织构摩擦学理论提供理论参考。

为了简化研究模型，把摩擦副表面固定区域等价于上述研究的单个控制单元，在此控制单元内进行织构数量的研究。如图 7.22 所示，在保持矩形织构最优参数不变的情况下，在控制单元内增加矩形织构的数量，研究其对油膜动压承

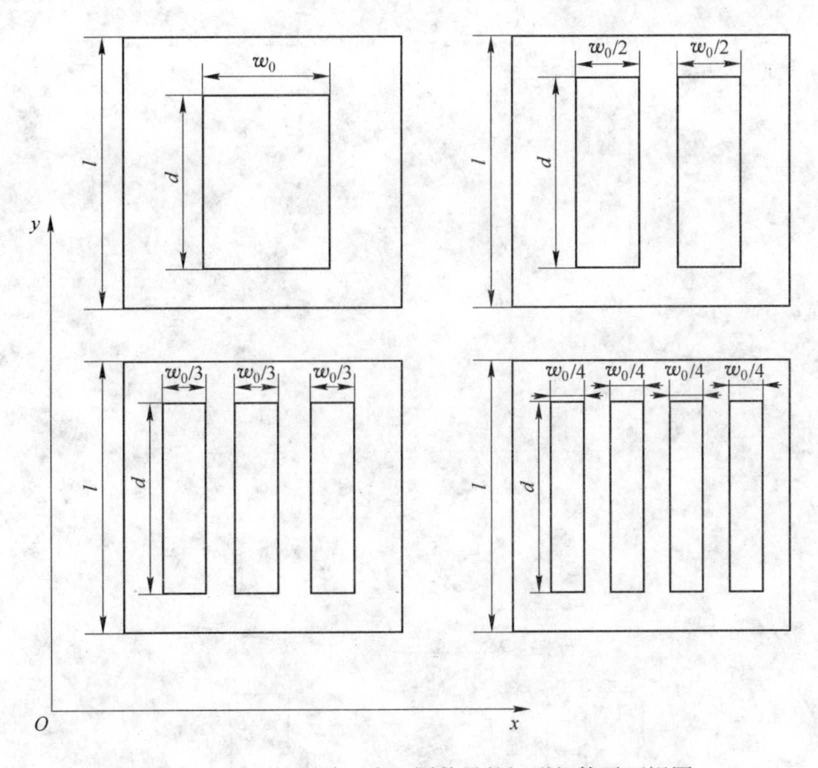

图 7.22 同一控制单元内不同数量的矩形织构平面视图

载的影响。如当织构从一个变成两个时，参数 w 不变，即变成两个织构的宽度之和等于原来单个织构的宽度。从图 7.23 可知，矩形织构数量的增加，可认为是对单个矩形织构在其控制单元内沿 x 方向的拆分，考虑到相似性及时间成本，对于沿 y 方向的织构拆分，本小节不予说明及研究。

图 7.23 所示为同一控制单元内，不同织构数量对油膜动压承载的影响。从图 7.23 中可知，当矩形织构的数量从单织构变成双织构时，油膜承载急剧下降，当矩形织构数量从双织构进一步增加，从两个增加到四个时，油膜承载保持不变，因此，织构数量的增加对摩擦副表面的动压润滑将起到负面的作用。由此可说明，对于一个理想的控制单元，单织构优于多织构；同理可知，沿 y 方向对矩形织构进行拆分也能得出类似的结论。

同时从图 7.23 所得出的结论以及结合矩形织构的最优组合参数可知，为了提高动压润滑效果，在一个人为假设的控制单元内，沿 x 方向，矩形织构的宽度与控制单元的最优比率 $w=0.6$，沿 y 方向，矩形织构的长度与控制单元的最优比率为 $c=0.8$。据此，可得到一个最优的摩擦副表面形貌布局加工图案，理论布局排列如图 7.24 所示。

本章在前两章的基础上，设计了一种易于加工且用目前手段容易实现的全新

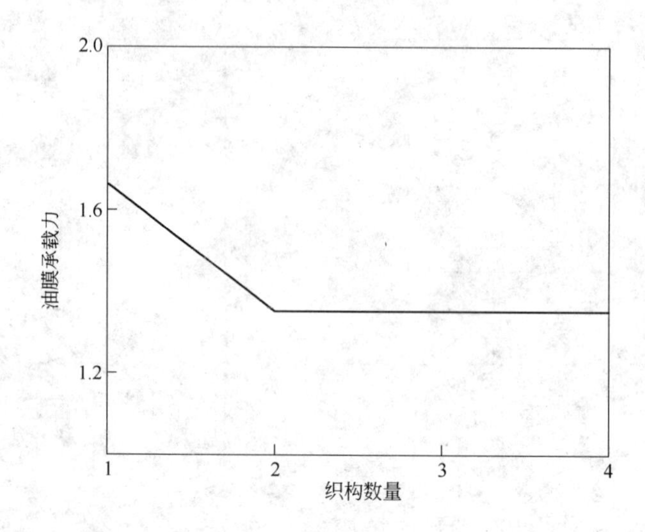

图 7.23　同一控制单元内不同织构数量对油膜承载的影响

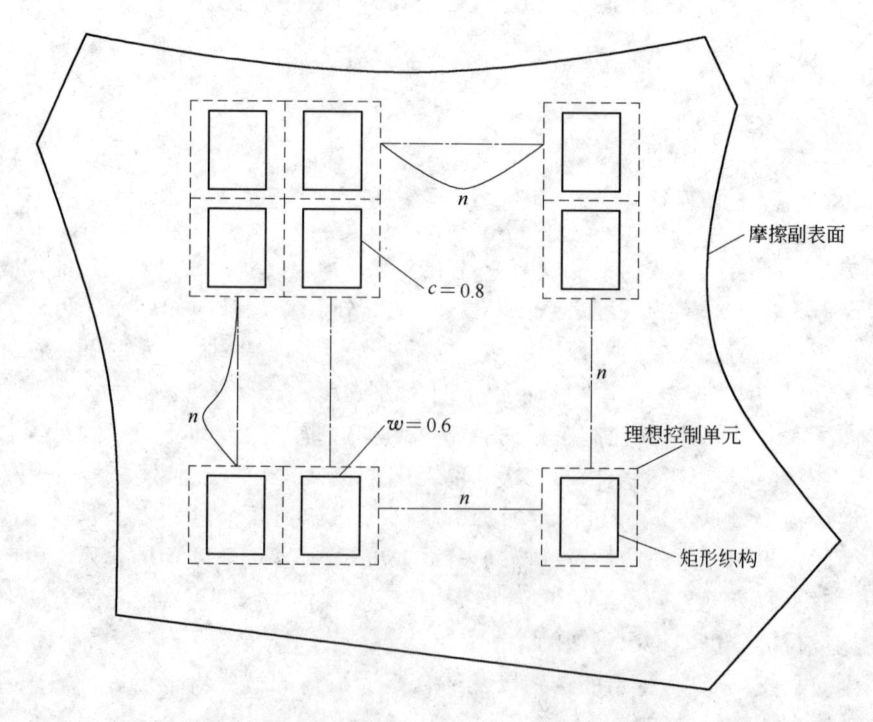

图 7.24　摩擦副表面矩形织构理想布局方案

表面织构——矩形织构。利用 Visual Fortran 语言编程对流体润滑状态下表面织构的润滑数学模型（Reynolds）进行数值求解，分析了传统的凹槽织构、圆柱形凹坑织构、方形凹坑织构、交叉型凹槽织构的动压承载性能，并与矩形织构进行了对比分析，得出如下结论：

（1）建立了动压润滑下基于雷诺方程的表面织构润滑计算模型，此织构润滑计算模型适用于低雷诺数下的表面织构润滑性能计算。

（2）表面织构作为一种改善摩擦学性能的方法，在对表面织构进行设计时，其存在最优的深度范围，其无量纲大小在 0.5 ~ 0.7 之间，此最优参数适合于动压润滑下不同类型的表面织构。

（3）动压润滑下，垂直滑动方向的凹槽织构在提升摩擦学性能方面优于十字交叉形凹槽织构，且其最优的宽度值为 0.6。

（4）动压润滑下，正方形凹坑织构和圆柱形凹坑织构存在最优的面密度，分别为 0.36 和 0.5024。

（5）动压润滑下，传统的凹槽类织构、正方形凹坑织构、圆柱形凹坑织构中，正方形凹坑织构表现出最好的动压润滑性能。

（6）动压润滑下，最优组合参数 $w=0.6$，$c=0.8$，$h=0.5 \sim 0.7$ 下的矩形织构能比传统类型的表面织构产生更大的油膜承载。

（7）根据 Fortran 语言编程计算出动压润滑下矩形织构的最优组合参数，依据此最优组合参数提出了一种摩擦副表面理想的矩形织构加工布局方案，此方案对摩擦副表面实际织构处理具有一定的参考价值。

参 考 文 献

[1] 温诗铸，黄平. 摩擦学原理 [M]. 北京：清华大学出版社，2008.

[2] Suh M, Chae Y, Kim S, et al. Effect of geometrical parameters in micro-grooved crosshatch pattern under lubricated sliding friction [J]. Tribology International, 2010, 43: 1508 - 1517.

[3] Krupka I, Vrbka M, Hartl M. Effect of surface texturing on mixed lubricated non-conformal contacts [J]. Tribology International, 2008, 41: 1063 - 1073.

[4] Wan Y, Sheng X. The effect of laser surface texturing on frictional performance of face seal [J]. Journal of Materials Processing Technology, 2008, 197: 96 - 100.

[5] Yuan S, Huang W, Wang X. Orientation effects of micro-grooves on sliding surfaces [J]. Tribology International, 2011, 44: 1047 - 1054.

[6] Nakano M, Korenaga A, Korenaga A, et al. Applying micro-texture to cast iron surfaces to reduce the friction coefficient under lubricated conditions [J]. Tribology Letters, 2007, 28: 131 - 137.

[7] Nakano M, Miyake M, Korenaga A, Sasaki S, et al. Tribological properties of patterned NiFe-covered Si surfaces [J]. Tribology Letters, 2009, 35: 133 - 139.

[8] Sahlin F, Glavatskih S, Almqvist T, et al. Two-dimensional CFD-analysis of micro-patterned surfaces in hydrodynamic lubrication [J]. Transactions of the ASME, 2005, 127: 96 - 102.

[9] Cho M H, Park S. Micro CNC surface texturing on polyoxymethylene (POM) and its tribological

performance in lubricated sliding [J]. Tribology International, 2011, 44: 859 - 867.

[10] Hu T, Hu L, Ding Q. Effective solution for the tribological problems of Ti-6Al-4V: Combination of laser surface texturing and solid lubricant film [J]. Surface & Coatings Technology, 2012, 206: 5060 - 5066.

[11] Han J, Fang L, Sun J, et al. Hydrodynamic lubrication of microdimple textured surface using three-dimensional CFD [J]. Tribology Transactions, 2010, 53: 860 - 870.

[12] 彭国伦. Fortran95 程序设计 [M]. 北京: 中国电力出版社, 2002.

[13] 黄平. 润滑数值计算方法 [M]. 北京: 高等教育出版社, 2012.

8 总结与展望

8.1 研究总结

表面织构作为一种改善摩擦学性能的方法，其定义为在摩擦副表面加工出具有一定规则和排列方案的介、微观结构。近年来，随着微机电制造技术的发展和计算机技术的成熟，表面织构逐渐成为摩擦学领域研究的热点方向。因此，本书首先采用商业软件 FLUENT 求解了基于 N-S 方程的二维织构润滑计算模型，详细分析了流体动压润滑状态下非对称凹槽织构以及摩擦副表面部分凹槽织构的动压承载性能和润滑减摩机理；其次利用 FORTRAN 语言编程求解了基于 Reynolds 方程的三维织构润滑计算模型，详细探讨不同凹槽类织构及多种凹坑类织构的动压润滑性能，并提出一种全新的表面凹坑类织构——矩形织构。现将全书主要研究工作所得结论总结如下：

第一，流体动压润滑下，凹槽织构的几何形状对油膜承载性能有明显影响，当凹槽织构的几何形状呈现非对称性时，油膜承载与凹槽织构的非对称性参数 H 在低雷诺数下表现出很强的依赖关系，随织构非对称性参数 H 的减小而增大，如雷诺数 $Re=20$，H 从 4 减小到 0.2，油膜承载增加了 73.44%。然而凹槽织构几何形状的非对称性对油膜承载的这种作用伴随雷诺数的增加逐渐减弱，如雷诺数 $Re=160$，H 从 4 减小到 0.2，油膜承载仅增加了 4.68%。另外，雷诺数对油膜承载有较大影响，且此影响不受凹槽织构几何形状的作用，随雷诺数 Re 的增大，油膜承载几乎单调递增。

第二，流体动压润滑下，对于指定摩擦副表面，在其上加工部分凹槽织构比充满凹槽织构的摩擦副表面更能提升机械摩擦特性。如果采用位置参数 L 表征部分凹槽织构在摩擦副表面的排列布局位置，则在低雷诺数下油膜承载随位置参数 L 的减小而增大。确定凹槽织构宽度 $D=0.2$，在雷诺数 $Re=3$ 时，L 从 0.4 减少到 0.05，油膜承载提升了 58.99%，同时，摩擦系数也得到明显改善，相同条件下，摩擦系数减少 59.1%。研究还发现，部分凹槽织构在摩擦副表面位置参数 L 对油膜承载的作用与凹槽织构几何形状的非对称性对油膜承载的作用类似，随雷诺数 Re 的增加，位置参数 L 对油膜承载及摩擦系数的作用逐渐减弱。

第三，流体动压润滑下，在摩擦副表面加工出合适的表面织构能够增大油膜动压承载，提升其摩擦学性能。其主要机理是由于合适的表面织构能够使在摩擦副表面流动的润滑剂流体产生具有非对称性分布的压力场，从而可以形成额外的净压力，增加摩擦副表面油膜总的承载能力。另外，除表面织构能使润滑剂流体形成非对称性压力场分布的动压润滑机理外，研究还发现，摩擦副表面润滑剂流体域中流体质点在一定的条件及合适的表面织构下能产生一个向上的惯性加速度，从而增加润滑油膜支撑力，这是另一种动压润滑机理。

第四，建立了动压润滑下基于雷诺方程的三维表面织构润滑计算模型，此织构润滑计算模型适用于低雷诺数下的表面织构润滑性能计算。基于利用 Fortran 语言编程求解表面织构润滑计算模型分析了多种类型表面织构的润滑性能，得出了表面织构在进行几何参数优化时存在最优的深度范围，其无量纲大小在 0.5 ~ 0.7 之间，且此最优深度范围适合于动压润滑下不同类型的表面织构。另外，通过对不同类型织构的几何参数进行研究还发现，正方形凹坑织构和圆柱形凹坑织构存在最优的面密度，分别为 0.36 和 0.5024，垂直滑动方向的凹槽织构在提升摩擦学性能方面优于十字交叉形凹槽织构，且其最优的宽度值为 0.6，以及正方形凹坑织构比凹槽类织构、圆柱形凹坑织构表现出更好的动压润滑性能。

第五，采用基于雷诺方程的三维表面织构润滑计算模型分析了不同类型表面织构的动压润滑性能，提出了一种区别于传统类型的全新表面织构——矩形织构，且得出了动压润滑下表面矩形织构的最优组合参数 $w=0.6$，$c=0.8$，$h=0.5$ ~ 0.7，通过与传统类型表面织构对比分析，发现在最优组合参数下的矩形织构可比传统类型的表面织构产生更大的油膜承载。依据最优组合参数的矩形织构，提出了一种摩擦副表面理想的矩形织构加工布局方案，此方案对摩擦副表面实际织构处理具有一定的参考价值。

8.2 研究展望

在分析方法上，基于求解 N-S 方程的计算流体动力学模拟方法和基于求解 Reynolds 方程润滑计算模拟方法在时间尺度和空间尺度具有一定的限制，而且不能精确描述摩擦副表面间隙间的多物理过程。因此，结合表面织构，发展和完善多尺度下计算模型及建立精确的描述多物理过程的数学模型是今后的一个研究方向。

研究内容上，以下问题仍需进一步探讨：

（1）探讨织构润滑下表面织构与流变特性之间的联系。

（2）探讨织构润滑下表面织构与摩擦副材料蠕变特性之间的关系。

附　录　A

以下为流体润滑状态下已知膜厚最小值求解一维 Reynolds 方程程序。所求织构上壁面压力分布与商业软件 FLUENT 计算出的压力分布进行比较，见文中第七章7.6小节。其中 n 为网格节点数，w、L、h0、hp 为织构参数。

```
module bl
  implicit none
  integer,parameter::n=200
  real::x(n),h(n),p(n)
  real::w,L,h0,hp
  integer::ik
end module

program main
  use bl
  implicit none
  integer::i

! 设置初始计算参数

  w=0.4
  L=1.0
  h0=1.0
  hp=0.5

  open(20,file='pressure.dat',status='unknown')
  open(21,file='mh.dat',status='unknown')
  call mh(x,h,n,w,L,h0,hp)
  call pressure(n,x,h,p)

  do i=1,n
  write(20,23)x(i),p(i)
  write(21,23)x(i),h(i)
```

```
  end do

23 format(1X,2(E12.6,1X))

end program

! 计算膜厚子程序

subroutine mh(x,h,n,w,L,h0,hp)
   implicit none
   integer::n
   real::x(n),h(n)
   real::w,L,h0,hp
   integer::i
   real::dx
   dx = 1.0/(n - 1)
   do i = 1,n
      x(i) = (i - 1) * dx
   end do

   do i = 1,n
      if ((x(i) - L/2.0) * * 2 < = (w/2.0) * * 2) then
         h(i) = h0 + hp
   else
         h(i) = h0
   end if
   end do

end subroutine

! 求解油膜上壁面压力分布子程序

subroutine pressure(n,x,h,p)
   implicit none
      integer::n
   real::x(n),h(n),p(n)
   integer::i,ik
   real::e,a1,a2,pd
   real::dx,sump
```

```
  dx = 1/(n - 1.0)
  do i = 2,n - 1

     p(i) = 0.5 ! 设置迭代压力初始值

  end do

  ! 边界条件的设定，即假设织构的出口和入口压力值为零
  p(1) = 1.0
  p(n) = 1.0

  ik = 0 ! 此变量用来计算迭代的次数。

do while(.true.)
  e = 0.0
  sump = 0.0

  ! 计算各节点压力值

  do i = 2,n - 1
     a1 = (0.5 * (h(i+1) + h(i))) ** 3
     a2 = (0.5 * (h(i) + h(i-1))) ** 3
     pd = p(i)
     p(i) = ( -0.5 * dx * (h(i+1) - h(i-1)) + a1 * p(i+1) + a2 * p(i-1))/(a1 + a2)
           p(i) = 0.3 * pd + 0.7 * p(i)

  if (p(i) < 0.2) p(i) = 0.2

     e = e + abs(p(i) - pd)
     sump = sump + p(i) ! 无量纲静压之和
  end do
  e = e/sump ! 计算残差判断。
       write(*,*)ik,e
     if (e < 1.0E-7) exit
     ik = ik + 1
  end do
  end subroutine
```

附　录　B

如下为第七章求解基于 Reynolds 方程的三维织构润滑计算模型程序，n 为网格数，w、L、h0、hp、a、r 为织构几何参数，手工输入织构几何参数，如需计算不同大小的织构，需进行手工更改织构几何参数，重新运行程序。

```
module csmh
    implicit none
    integer, parameter:: n=200
    real:: x(n), y(n)
    real:: h(n, n), p(n, n)
    real:: w, L, h0, hp, a, r, sump
    integer:: ik ! 表示迭代次数的变量
end module

program main
    use csmh
    implicit none
    integer:: i, j

! 设置参数值

    w=0.4 ! 当织构为圆柱形织构时，此参数 w 表示外圆的直径
    L=1.0
    h0=0.1
    hp=0.05
    a=1.2  ! 比例因子
    r=0.5  ! 圆柱形织构外圆半径大小

    open(30,file='sump1.dat',status='unknown')
    open(37,file='pressure1.dat',status='unknown')
    call mh1(x,y,h,w,L,h0,hp,a,n)
    call pressure(x,y,p,h,sump,ik,n)
    do i=1,n
```

```
    do j = 1,n
      write(37,40)x(i),y(j),p(i,j)
    end do
    end do
    write(30,*) "矩形织构无量纲油膜承载",sump
40 format(1X,3(E12.6,1X))

    open(31,file = 'sump2.dat',status = 'unknown')
    open(38,file = 'pressure2.dat',status = 'unknown')
    call mh2(x,y,h,w,L,h0,hp,n)
    call pressure(x,y,p,h,sump,ik,n)
    do i = 1,n
    do j = 1,n
      write(38,41)x(i),y(j),p(i,j)
    end do
    end do
    write(31,*)"十字形凹槽织构无量纲油膜承载",sump
41 format(1X,3(E12.6,1X))

    open(32,file = 'sump3.dat',status = 'unknown')
    open(39,file = 'pressure3.dat',status = 'unknown')
    call mh3(x,y,h,w,L,h0,hp,n)
    call pressure(x,y,p,h,sump,ik,n)
    do i = 1,n
    do j = 1,n
      write(39,42)x(i),y(j),p(i,j)
    end do
    end do
    write(32,*) "普通单凹槽织构无量纲油膜承载",sump
42 format(1X,3(E12.6,1X))

    open(33,file = 'sump4.dat',status = 'unknown')
open(40,file = 'pressure4.dat',status = 'unknown')
    call mh4(x,y,h,w,L,h0,hp,n)
    call pressure(x,y,p,h,sump,ik,n)
    do i = 1,n
    do j = 1,n
      write(40,43)x(i),y(j),p(i,j)
    end do
```

```
    end do
    write(33, * )"普通正方形织构无量纲油膜承载" ,sump
43 format(1X,3(E12.6,1X))

    open(34,file ='sump5.dat',status ='unknown')
    open(41,file ='pressure5.dat',status ='unknown')
    call mh5(x,y,h,r,L,h0,hp,n)
    call pressure(x,y,p,h,sump,ik,n)
    do i = 1,n
    do j = 1,n
      write(41,44)x(i),y(j),p(i,j)
    end do
    end do
    write(34, * )"普通圆柱形织构无量纲油膜承载",sump
44 format(1X,3(E12.6,1X))

open(35,file ='sump6.dat',status ='unknown')
open(42,file ='pressure6.dat',status ='unknown')
    call mh6(x,y,h,w,L,h0,hp,n)
    call pressure(x,y,p,h,sump,ik,n)
    do i = 1,n
    do j = 1,n
      write(42,45)x(i),y(j),p(i,j)
    end do
    end do
    write(35, * )"平行滑移方向的凹槽织构无量纲油膜承载",sump
45 format(1X,3(E12.6,1X))

! 织构的数量对油膜承载的影响

    open(40,file ='sump7.dat',status ='unknown')
    open(50,file ='pressure7.dat',status ='unknown')
    call mh4(x,y,h,w,L,h0,hp,n)
    call pressure(x,y,p,h,sump,ik,n)
    do i = 1,n
    do j = 1,n
      write(50,43)x(i),y(j),p(i,j)
    end do
    end do
```

```
    write(40, * )"织构为2" ,sump

    open(41,file ='sump8. dat',status ='unknown')
    open(51,file ='pressure8. dat',status ='unknown')
    call mh4(x,y,h,w,L,h0,hp,n)
    call pressure(x,y,p,h,sump,ik,n)
    do i =1,n
    do j =1,n
      write(51,43)x(i),y(j),p(i,j)
    end do
    end do
    write(41, * )"织构为3" ,sump

    open(42,file ='sump9. dat',status ='unknown')
    open(52,file ='pressure9. dat',status ='unknown')
    call mh4(x,y,h,w,L,h0,hp,n)
    call pressure(x,y,p,h,sump,ik,n)
    do i =1,n
    do j =1,n
      write(52,43)x(i),y(j),p(i,j)
    end do
    end do
    write(42, * )"织构为4" ,sump
end program

! 根据给出的膜厚方程,求解润滑膜压力子程序

subroutine pressure(x,y,p,h,sump,ik,n)
    implicit none
    integer::n
    real::x(n),y(n),p(n,n),h(n,n)
    real::dx,dy
    integer::i,j
    real::sump,e,pd,i1,i2,j1,j2
    real::a1,a2,a3,a4
    integer::ik
    dx =1.0/(n -1.0)
    dy =1.0/(n -1.0)
    open(38,file ='pressure. dat',status ='unknown')
```

```
    do i=1,n
        x(i)=(i-1)*dx
    end do

    do j=1,n
        y(j)=(j-1)*dy
    end do

! 初始边界条件设置

    do i=1,n
        p(i,1)=1.0
        p(i,n)=1.0
    end do

    do j=1,n
            p(1,j)=1.0
            p(n,j)=1.0
    end do

! 初始迭代压力初值

    do i=2,n-1
    do j=2,n-1
        p(i,j)=0.98
    end do
    end do
! 压力求解
ik=0
do while(.true.)
    e=0.0
    sump=0.0

    do i=2,n-1
      i1=i-1
      i2=i+1
    do j=2,n-1
      j1=j-1
      j2=j+1
```

```
        pd = p(i,j)
        a1 = (0.5 * (h(i2,j) + h(i,j))) * * 3
        a2 = (0.5 * (h(i,j) + h(i1,j))) * * 3
        a3 = ((dx/dy) * * 2) * (0.5 * (h(i,j2) + h(i,j))) * * 3
        a4 = ((dx/dy) * * 2) * (0.5 * (h(i,j) + h(i,j1))) * * 3

p(i,j) = (0.5 * dx * (h(i2,j) - h(i1,j)) + a1 * p(i2,j) + a2 * p(i1,j) + a3 * p(i,j2) + a4 * p(i,
j1))/(a1 + a2 + a3 + a4)

        p(i,j) =0.5 * pd +0.5 * p(i,j)

        if (p(i,j) <0.2) p(i,j) =0.2 ! 此处饱和蒸气压为20000Pa,取 Reynolds 边界条件
        e = e + abs(p(i,j) - pd)
        sump = sump + p(i,j)
        end do
        end do
        e = e/sump
        write(*,*)ik,e ! 在屏幕上显示迭代步数
        if (e<1.0e-6) exit
        ik = ik + 1
end do
        sump = sump * dx * dy ! 无量纲油膜承载的计算
      do i = 1,n
      do j = 1,n
      write(38,40)x(i),y(j),p(i,j)
      end do
      end do
40 format(1X,3(E12.6,1X))
end subroutine

! 求解矩形织构的膜厚方程子程序

subroutine mh1(x,y,h,w,L,h0,hp,a,n)
      implicit none
      integer::n
      real::dx,dy
      real::x(n),y(n)
      real::h(n,n)
```

```
    real::w,L,h0,hp,a,rad
    integer::i,j

    dx = 1.0/(n-1.0)
    dy = 1.0/(n-1.0)
    open(38,file='mh1.dat',status='unknown')
    do i = 1,n
      x(i) = (i-1)*dx
    end do

    do j = 1,n
      y(j) = (j-1)*dy
    end do

    do i = 1,n
    do j = 1,n
      if ((x(i) >= (L-w)/2.0.and.x(i) <= (L+w)/2.0).and.(y(j) >= (L-a*
w)/2.0.and. &
        y(j) <= (L+a*w)/2.0)) then
          h(i,j) = h0 + hp
        else
          h(i,j) = h0
        end if
      end do
      end do

      do i = 1,n
      do j = 1,n
      write(38,40)x(i),y(j),h(i,j)
      end do
      end do
40 format(1X,3(E12.6,1X))
end subroutine
```

! 当夹角为 90 度时，膜厚方程的子程序，即十字形凹槽织构膜厚方程

```
subroutine mh2(x,y,h,w,L,h0,hp,n)
    implicit none
    integer::n
```

```
    real::dx,dy
    real::x(n),y(n)
    real::h(n,n)
    real::w,L,h0,hp
    integer::i,j

  dx=1.0/(n-1.0)
  dy=1.0/(n-1.0)
open(38,file='mh2.dat',status='unknown')
  do i=1,n
        x(i)=(i-1)*dx
    end do

    do j=1,n
        y(j)=(j-1)*dy
    end do

    do i=1,n
    do j=1,n
      if ((x(i)>=0.and.x(i)<=(L-w)/2.0).and.(y(j)>=(L+w)/2.0.or.y(j)<=(L
-w)/2.0)) then
        h(i,j)=h0
      else if ((x(i)>=(L+w)/2.0.and.x(i)<=L).and.(y(j)>=(L+w)/2.0.or.y(j)<
=(L-w)/2.0)) then
        h(i,j)=h0
      else
        h(i,j)=h0+hp
      end if
  end do
  end do

      do i=1,n
      do j=1,n
      write(38,40)x(i),y(j),h(i,j)
      end do
      end do
40 format(1X,3(E12.6,1X))
end subroutine
```

```
!普通单凹槽织构膜厚方程

subroutine mh3(x,y,h,w,L,h0,hp,n)
     implicit none
     integer::n
     real::x(n),y(n),h(n,n)
     real::w,L,h0,hp
     real::dx,dy
     integer::i,j

     dx=1.0/(n-1.0)
     dy=1.0/(n-1.0)
open(38,file='mh3.dat',status='unknown')

     do i=1,n
          x(i)=(i-1)*dx
     end do

     do j=1,n
          y(j)=(j-1)*dy
     end do

     do i=1,n
     do j=1,n
        if ((x(i)<=(L-w)/2.0.and.x(i)>=0).or. &
          (x(i)>=(L+w)/2.0.and.x(i)<=1.0)) then
             h(i,j)=h0
          else
             h(i,j)=h0+hp
          end if
     end do
     end do

     do i=1,n
     do j=1,n
        write(38,40)x(i),y(j),h(i,j)
     end do
     end do
40 format(1X,3(E12.6,1X))
```

```
end subroutine

!普通正方形织构膜厚方程子程序

subroutine mh4(x,y,h,w,L,h0,hp,n)
     implicit none
     integer::n
     real::x(n),y(n),h(n,n)
     real::w,L,h0,hp
     real::dx,dy
     integer::i,j

     dx=1.0/(n-1.0)
     dy=1.0/(n-1.0)
open(38,file='mh4.dat',status='unknown')

     do i=1,n
        x(i)=(i-1)*dx
     end do

     do j=1,n
        y(j)=(j-1)*dy
     end do

     do i=1,n
     do j=1,n
        if (((x(i)-L/2.0)**2<=(w/2.0)**2).and.((y(j)-L/2.0)**2<=(w/2.0)
**2)) then
             h(i,j)=h0+hp
        else
             h(i,j)=h0
        end if
     end do
     end do

     do i=1,n
     do j=1,n
     write(38,40)x(i),y(j),h(i,j)
     end do
```

```
    end do
40 format(1X,3(E12.6,1X))
end subroutine

! 普通圆柱形织构膜厚方程子程序
subroutine mh5(x,y,h,r,L,h0,hp,n)
    implicit none
    integer::n
    real::x(n),y(n),h(n,n)
    real::r,L,h0,hp
    real::dx,dy
    integer::i,j

    dx = 1.0/(n-1.0)
    dy = 1.0/(n-1.0)
open(38,file='mh5.dat',status='unknown')

    do i = 1,n
        x(i) = (i-1)*dx
    end do

    do j = 1,n
        y(j) = (j-1)*dy
    end do

    do i = 1,n
    do j = 1,n
      if ((x(i)-L/2.0)**2+(y(j)-L/2.0)**2<=r**2) then
          h(i,j) = h0+hp
      else
          h(i,j) = h0
      end if
    end do
    end do

    do i = 1,n
    do j = 1,n
    write(38,40)x(i),y(j),h(i,j)
    end do
```

```
      end do
40 format(1X,3(E12.6,1X))
end subroutine
```

！平行滑移方向的凹槽织构膜厚子程序

```
subroutine mh6(x,y,h,w,L,h0,hp,n)
      implicit none
      integer::n
      real::x(n),y(n),h(n,n)
      real::w,L,h0,hp
      real::dx,dy
      integer::i,j

      dx = 1.0/(n - 1.0)
      dy = 1.0/(n - 1.0)
open(38,file = 'mh6.dat',status = 'unknown')

      do i = 1,n
          x(i) = (i - 1) * dx
      end do

      do j = 1,n
          y(j) = (j - 1) * dy
      end do

      do i = 1,n
      do j = 1,n
        if (y(j) > = (L - w)/2.0.and. y(j) < (L + w)/2.0) then
           h(i,j) = h0 + hp
        else
           h(i,j) = h0
        end if
      end do
      end do

      do i = 1,n
      do j = 1,n
      write(38,40)x(i),y(j),h(i,j)
```

```
    end do
    end do
40 format(1X,3(E12.6,1X))
end subroutine

! 相同大小织构单元内,不同织构的数量对油膜承载的影响计算

subroutine mh7(x,y,h,w,L,h0,hp,n)        ! 织构数量为2
    implicit none
    integer::n
    real::x(n),y(n),h(n,n)
    real::w,L,h0,hp
    real::dx,dy
    integer::i,j

    dx=1.0/(n-1.0)
    dy=1.0/(n-1.0)
open(38,file='mh7.dat',status='unknown')

    do i=1,n
        x(i)=(i-1)*dx
    end do

    do j=1,n
        y(j)=(j-1)*dy
    end do

    do i=1,n
    do j=1,n
      if (((x(i)>0.15.and.x(i)<0.45).and.(y(j)>0.1.and.y(j)<0.9)).or.((x(i)>
0.55&
      .and.x(i)<0.85).and.(y(j)>0.1.and.y(j)<0.9))) then
      h(i,j)=h0+hp
    else
      h(i,j)=h0
    end if
    end do
    end do
```

```
      do i = 1, n
      do j = 1, n
      write(38,40) x(i), y(j), h(i,j)
      end do
      end do
40 format(1X,3(E12.6,1X))
end subroutine

subroutine mh8(x,y,h,w,L,h0,hp,n)        ! 织构数量为3
      implicit none
      integer::n
      real::x(n),y(n),h(n,n)
      real::w,L,h0,hp
      real::dx,dy
      integer::i,j

      dx = 1.0/(n - 1.0)
      dy = 1.0/(n - 1.0)
open(38,file = 'mh8.dat',status = 'unknown')

      do i = 1, n
          x(i) = (i - 1) * dx
      end do

      do j = 1, n
          y(j) = (j - 1) * dy
      end do

      do i = 1, n
      do j = 1, n
        if
(((x(i) > = 0.1.and.x(i) < = 0.3).or.(x(i) > = 0.4.and.x(i) < = 0.6).or.(x(i) > =
0.7.and.x(i) < =0.9))&
        .and.(y(j) > =0.1.and.y(j) < =0.9)) then
          h(i,j) = h0 + hp
        else
          h(i,j) = h0
        end if
      end do
```

```
    end do

    do i = 1,n
    do j = 1,n
    write(38,40) x(i),y(j),h(i,j)
    end do
    end do
40 format(1X,3(E12.6,1X))
end subroutine

subroutine mh9(x,y,h,w,L,h0,hp,n)        ! 织构数量为4
    implicit none
    integer::n
    real::x(n),y(n),h(n,n)
    real::w,L,h0,hp
    real::dx,dy
    integer::i,j

    dx = 1.0/(n - 1.0)
    dy = 1.0/(n - 1.0)
open(38,file = 'mh9.dat',status = 'unknown')
    do i = 1,n
        x(i) = (i - 1) * dx
    end do

    do j = 1,n
        y(j) = (j - 1) * dy
    end do

    do i = 1,n
    do j = 1,n
      if (((x(i) > =0.08.and.x(i) < =0.23).or.(x(i) > =0.31.and.x(i) < =0.46).or.&
      (x(i) > =0.54.and.x(i) < =0.69).or.(x(i) > =0.77.and.x(i) < =0.92))&
      .and.(y(j) > =0.1.and.y(j) < =0.9)) then
        h(i,j) = h0 + hp
      else
        h(i,j) = h0
      end if
    end do
```

```
    end do

    do i = 1, n
    do j = 1, n
    write(38,40) x(i), y(j), h(i,j)
    end do
    end do
40 format(1X,3(E12.6,1X))
end subroutine
```

冶金工业出版社部分图书推荐

书　　名	定价(元)
材料织构分析原理与检测技术	36.00
轧制工艺润滑原理、技术与应用(第2版)	49.00
设备润滑基础(第2版)	109.00
现代润滑技术	55.00
冶金设备液压润滑实用技术	68.00
液压润滑系统的清洁度控制	16.00
机械设计基础	40.00
机械优化设计方法(第4版)	42.00
机械制造工艺与实施	39.00
现代机械设计方法(第2版)	36.00
机械可靠性设计与应用	20.00
机械装备失效分析	180.00
机械安装实用技术手册	159.00
Pro/E Wildfire 中文版模具设计教程	39.00
现代材料表面技术科学	99.00
矫直原理与矫直机械(第2版)	42.00
机械安装与维护	22.00
机械设备安装工程手册	178.00
机械故障诊断基础	25.80
粉末冶金摩擦材料	39.00
提高模具寿命应用技术实例	54.00
机电类特种设备结构系统可靠性与寿命评估方法研究	25.00
流体力学	27.00
现代薄膜技术	76.00